历史回眸·世界的精彩华章

巧夺天工的N座宏大建筑

邱卫东　主编

U0266392

中国石油大学出版社
CHINA UNIVERSITY OF PETROLEUM PRESS

图书在版编目(CIP)数据

巧夺天工的 N 座宏大建筑 / 邱卫东主编. —东营：
中国石油大学出版社,2016.9
(历史回眸:世界的精彩华章)
ISBN 978-7-5636-5365-2

Ⅰ. ①巧… Ⅱ. ①邱… Ⅲ. ①建筑艺术—介绍—世界
Ⅳ. ①TU-861

中国版本图书馆 CIP 数据核字(2016)第 226791 号

丛 书 名：历史回眸·世界的精彩华章
书　　名：巧夺天工的 N 座宏大建筑
主　　编：邱卫东

责任编辑：刘　静
封面设计：高　建

出 版 者：中国石油大学出版社(地址：山东省青岛市黄岛区
　　　　　长江西路 66 号　邮编：266580)
网　　址：http://www.uppbook.com.cn
电子邮箱：suzhijiaoyu1935@163.com
排 版 者：青岛天舒常青文化传媒有限公司
印 刷 者：青岛炜瑞印务有限公司
发 行 者：中国石油大学出版社(电话　0532—86983437)
开　　本：120 mm×170 mm
印　　张：7
字　　数：130 千
版 印 次：2017 年 1 月第 1 版　2017 年 1 月第 1 次印刷
书　　号：ISBN 978-7-5636-5365-2
定　　价：16.00 元

Preface 前言

　　在古今中外的历史长河中,人类的祖先充分展现了杰出的智慧,创造了难以计数的灿烂文明,为今天的我们留存了博大精深的精粹学说、文化典籍、伟大发明,留存了对文明社会发展所做出的开创性的成就和意义深远的历史贡献,留存了福泽后人的宝贵遗产与物质财富。即使发展到科技飞速发展、信息化高度集中的 21 世纪,我们仍然叹服前人的贡献,仍然感恩祖先的施惠,仍然震惊先哲的警示。

　　往事越千年。虽然几经沧海桑田,但不变的是人类永恒的科学追求,是人类科学探索的脚步,是人类沿着历史的足迹再创辉煌的奋斗。当无数充满致命诱惑的新浪潮涌来时,人们更需要一种对历史文化的正确抉择;当现代文明在疯狂地毁灭人类生存的家园时,我们更需要一种对人类历史的责任。于温故中知新,在汲古中鉴今,理应成为现代青年理性地认识历史、冷静地思考未来的当然选择。

本套丛书对世界数千年来所发生的一系列重大的社会变革、历史事件、文明成果等,做了全景式的扫描,从中我们可以看到政治经济的改良与变革,各种势力的争斗与冲突,新旧体制的毁灭与诞生,理论学说的创立发展,科学发明的艰难突破,等等,几乎涉及影响世界文明的政治、军事、外交、文化、宗教、经济等各个领域的所有重大事件。本套丛书对世界历史发展的真实过程做了纵深的透视,对人类文明的伟大成就做了全面的阐述,它从浩瀚的历史文库中,撷取精华,汇聚经典,分门别类地对历史上曾经发生过的重大事件进行分析介绍,向广大读者尤其是青少年朋友们打开了一扇历史的窗户,让他们穿越时空隧道,在历史的天空中遨游、畅想、探幽、寻秘,从中启迪智慧,启发思考,启示未来。

在悠悠历史长河中,人类创造了光辉灿烂的建筑文化。建筑文化体现了民族文化与历史传承。因此,不同的地域,不同的理念,塑造着不同的建筑艺术。《巧夺天工的 N 座宏大建筑》收集了世界上极具风格特色的、集人类智慧与审美于一体的标志性建筑,有规制工整、体现"天人合一"理念的华夏建筑,有巧夺天工、美轮美奂的西方建筑,还有风格独特、造型多样的宗教建筑。品读《巧夺天工的 N 座宏大建筑》,可以引领读者走进人类建筑艺术的殿堂。

本丛书文字简洁,内容丰富,语言优美,叙述生动,既富有知识性,又具有趣味性,让读者在阅读中享受知识的乐趣。同时,其全新的视角和独特的剖析,也给读者以更为广阔的文化视野与想象空间。

历史的车轮滚滚向前,21世纪的人类文明将会开出更加灿烂多彩的思想之花,结出更加丰富的文化科学硕果。明天的世界将是崭新的,未来的历史将更加辉煌。当代青年正处在一个渴望求知、极具探索和勇敢追求的伟大时代。我们应当沿着历史凝结的历程,沿着前人留下的辉煌轨迹,从历史的精彩篇章中汲取知识,感悟人生,获得真理,走向成功的圣殿;以历史回眸中启迪的智慧,创造卓越的人生,创造人类历史的崭新未来。

编　者

2016 年 10 月

目录
Contents

1. 古埃及文明的代表作

—— 埃及的金字塔

埃及是世界上历史最悠久的文明古国之一。金字塔是古埃及文明的代表作，是埃及国家的象征，是埃及人民的骄傲，是古代埃及人智慧的结晶。当初与它并称为"世界七大奇迹"的建筑，在历经数十个世纪的自然侵蚀和人为破坏后，多数已倾塌毁坏，化为乌有，唯一存在的只有埃及的金字塔。数千年来，它经受住了太阳的炙烤、风雨的吹打和强烈的震动，仍然稳固地矗立在尼罗河畔，接受着时间的洗礼，作为人类建筑艺术史上不朽的丰碑，俯视着人们对它的顶礼膜拜。

埃及金字塔是埃及古代奴隶社会的方锥形帝王陵墓，是世界古建筑奇迹之一。埃及人叫它"庇里斯"，意思是"高"。因为从四面望去，它的等腰三角形的形状很像中文的"金"字，所以，人们形象地叫它"金字塔"。金字塔分布广泛，以开罗西南尼罗河西古城孟菲斯一带最为集中。迄今为止，埃及共发现金字塔96座，其中最著名的当属吉萨金字塔群，它包括大金字塔（也叫胡夫金字塔）、哈夫拉金字塔及旁边的狮身人面像和门卡乌拉金字塔。

大金字塔是第四王朝第二个国王胡夫的陵墓，被前人尊称为世界七大奇迹之首，建于公元前 2690 年左右。原高 146.5 米，因年久风化，顶端剥落 10 米，现高 136.5 米；底座每边长 230 多米，三角面斜度 52 度，塔底面积 5.29 万平方米；塔身由 230 万块石头砌成，每块石头平均重 2.5 吨，有的重达几十吨。石块都是经过打磨，并按照锥形的体积计算出每一块的几何斜度，然后层层垒砌的。这需要极为精密的测量技术。在石块与石块之间并没有任何的黏结物，却叠合得天衣无缝，即使在现在也很难将一把锋利的薄刀片插进去。为了保证不被腐损，整个金字塔的建构中没有一根木料和铁钉，可以说是建筑史上的奇迹。有学者估计，如果用火车装运金字塔的石料，大约要用 60 万节车皮；如果把这些石头凿碎，铺成一条一尺宽的道路，大约可以绕地球一周。据说，10 万人用了 30 年的时间才得以建成这座金字塔。

金字塔不仅外观雄伟，内部结构也相当复杂。传说

它的入口极其秘密,无人知晓。9世纪时,人们从该塔的北面开了一个洞口,发现在塔基13.7米高的上部,有一个以石材砌成的真正入口。从这个入口沿着向下倾斜的通道前进,里面像迷宫一样曲折。通道有整齐的台阶,脉络一样地向墓室延伸,直到很深很深的地下。在地平线以下130多米深处有一间石室,石室里有一条倾斜的甬道。沿着甬道上行,又有一条水平支道。在支道的尽头有一个房间,人们称它为"王后墓室",这里并没有任何棺椁。从甬道折回,沿上倾的甬道前行,就是一道长廊。走到尽头,出现互通的两个房间,里大外小,顶盖是平的,称为"国王墓室"。胡夫的棺椁就停放在这间大房间里,可里面是空的,木乃伊早已不存在。在"国王墓室"南北两面墙上,各有一个细小的气孔,直通墓室外面,这两条气孔,一条对准天龙座(永生),一条对准猎户座。学者们认为开凿这两条气孔是为了让法老的灵魂能够自由出入。埃及宗教相信人死之后,可以进入另一个世界里继续"生活",就像植物在冬天枯萎,来年可以再生一样。古埃及人认为银河旁的猎户座就是死去的法老在天堂的居所,而金字塔则是法老的肉体在人间的居所。他们相信,当法老死后,他的灵魂将会透过金字塔内的上升通道,到达猎户座。在墓室的顶部砌着五层房间,每层以大石板隔开,最上层的顶盖呈三角形,便于减轻塔顶的压力。这些石室与通道都是用磨得十分光滑的石块重叠垒成,内有精美的雕饰和各种陪葬物品。该金字塔内部的通道对外开放,该通道设计精巧,计算精密,令世人赞叹。

第二座金字塔是胡夫的儿子哈夫拉国王的陵墓,建于公元前2650年,比前者低3米,现高为133.5米。但建筑形式更加完美壮观,塔前建有庙宇等附属建筑和著名的狮身人面像。狮身人面像的面部参照哈夫拉,身体为狮子,整个雕像除狮爪外,全部由一块天然岩石雕成。由于石质疏松,且经历了4 000多年的岁月,整个雕像风化严重,且面部严重破损。狮身人面像代表着狮子的力量和人类的智慧,象征着古代法老的智慧和权力。整座雕像高22米,长57米,面部长约5米,头戴国王的披巾,额上有蛇的标志。雕像下巴原有的胡须,现陈列于大英博物馆。

第三座金字塔属于胡夫的孙子门卡乌拉国王,建于公元前2 600年左右。当时正是第四王朝衰落时期,金字塔的建筑也开始被腐蚀。门卡乌拉金字塔的高度突然降低到66米,内部结构倒塌。

金字塔矗立于世,不能不使人由衷地赞叹埃及古代文明的伟大。因为它的建筑技术在许多方面都是不可思议的,表现出相当丰富的物理学、几何学、数学和天文学知识与惊人的科学水平。天文学家比亚兹·史密斯把金字塔看作"石头的圣经",因为通过它可以测算出地球的直径以及与太阳的距离,能推算出每年的天数、岁差时间的长短等一系列数据。如金字塔的自重$\times 10^{15}$ = 地球的重量;金字塔的塔高$\times 10$亿 = 地球到太阳的距离;金字塔的底周长÷(塔高×2)＝圆周率(π＝3.141 59)。

　　金字塔似乎有着无穷的魔力,几个世纪以来,一直引发着人们不断地探索和追寻。埃及有句谚语说:"一切都惧怕时间,而时间却惧怕金字塔。"就连时间都已经成为金字塔这旷世奇迹的证明。

2. "天下第一宫"

——中国秦代阿房宫

阿房宫被誉为"天下第一宫"，是中国历史上秦朝始皇帝修建的新朝宫。秦始皇统一中国后于公元前 212 年，在龙首原西侧，开始建造天下朝宫，意在建成后，成为秦朝的政治中心。阿房宫与万里长城、秦始皇陵、秦直道并称为"秦始皇的四大工程"，它们是中国首次统一的标志性建筑，也是中华民族开始凝聚的实物标志。

秦始皇统一全国后，国力日渐昌盛。国都咸阳城中人数激增。公元前 212 年，秦始皇下令在渭河以南的上林苑开始营造朝宫，即阿房宫。由于工程浩大，直至秦始皇去世时才建成一座前殿。秦始皇驾崩，秦二世胡亥秉承始皇遗命继续修建阿房宫。唐代诗人杜牧的《阿房宫赋》写道："覆压三百余里，隔离天日。骊山北构而西折，直走咸阳。二川溶溶，流入宫墙。五步一楼，十步一阁；廊腰缦回，檐牙高啄；各抱地势，钩心斗角。"可见阿房宫确为当时非常宏大的建筑群。阿房宫究竟有多大？据《始皇本纪》记载：阿房宫前殿，东西五百步，南北五十丈，殿中可以坐一万人，殿下可以竖起五丈高的大旗。四周为阁道，自殿下直抵南山。在南山的峰巅建宫阙，又修复道，自阿房宫渡过渭水直达咸阳。秦代一步合六尺，300步为一里，而秦尺约0.23米。如此算来，阿房宫的前殿东西宽690米，南北深115米，占地面积约8万平方米，容纳万人自然绰绰有余了。相传阿房宫大小殿堂700余所，一天之中，各殿的气候都不尽相同。宫中珍宝堆积如山，美女成千上万，即便秦始皇用一生巡回各宫室，一天住一处，至死时也未把宫室住遍。

阿房宫的主体建筑是前殿。史载其"东西五百步，南北五十丈，上可坐万人，下可建五丈旗"。现存一座巨大的长方形夯土台基，西起西安市长安区纪阳乡古城村，东至巨家庄，经探测实际长度为1 320米，宽420米，最高处约9米，是中国目前已知的最大的夯土建筑台基。台基由北向南呈缓坡状，南面坡下探出大面积路土，现存长770米，宽50米，面积约4万平方米，为一广场，广场南沿有四条道路向南延伸。台基东、西边是现代挖成的断崖；北边为三层高出地面的台阶，阶宽1～2米，高2～4米。20世纪50年代初，台上东、西、北三边都有土梁且连接在一起，现仅残存北边土梁，其高出台面两米多，略短于台长，应为倒塌了的夯土墙，现存墙迹厚3.6米，残高0.7米。发现有绳纹、布纹瓦片，分别有戳印"千（隶体）右（篆体），北司（篆体）"等文字。

上天台位于阿房宫村南。台底东西长42.5米，宽20米，台顶平面长11.5米，宽4.5米，台高约15米。台上西北角有一条向西伸出的坡道，直通台下。坡道长约 30 米，底宽上窄。台下夯土基向西、向南各延伸约 20 米，向东延伸近 100 米，向北约 300 米直至阿房宫村附近。台下北边还残留一段 30 多厘米高的白灰墙迹。台下四周地面散见战国晚期至秦的细绳纹和中绳纹瓦片、几何纹空心砖块、红陶釜片和许多烧红了的土块。

磁石门为秦阿房宫门阙之一。秦阿房宫的建筑以磁石为门，一是为防止行刺者，以磁石的吸铁作用，使隐甲怀刃者在入门时不能通过，从而保卫皇帝的安全；二是为了向"四夷朝者"显示秦阿房宫前殿的神奇作用，令其惊恐却步。

新中国成立后，再现阿房宫昔日盛景是所有考古学家及建筑学家的心愿。经过各方专家的认真论证和精心设计，总投资 1.3 亿多元，阿房宫遗址终于重现了其昔日的辉煌：大宫门、前殿、兰池宫、六国宫室、长廊、卧桥、磁石门、上天台、祭地坛、河流等 12 处景观如今已经相继建成。苑区兰池水占地百余亩，水清波翠，楼阁倒映，龙舟漫游。新建的阿房宫前殿高 32.85 米，长 107 米，宽 67.7 米，十分巍峨壮观。其高度与原殿比不相上下，但东西长 107 米，仅是原殿东西长的 1/6。1994 年，联合国教科文组织实地考察，确认秦阿房宫遗址建筑规模和保存完整程度在世界古建筑中名列第一，属世界奇迹和著名遗址之一，被誉为"天下第一宫"。

阿房宫建于 2 000 多年前的秦代，其精湛的建筑艺术充分体现了中国古代劳动人民的聪明才智和创造力。当然,这座宫殿是建筑在劳苦大众的累累白骨之上的。和秦王朝的命运一样,阿房宫被秦末农民起义军付之一炬,变成了一片废墟。然而,阿房宫宏伟壮观的建筑规模和高超无比的建筑艺术是永远不会被人们忘记的。

3. 古罗马无愧的永恒

——古罗马的角斗场

古罗马角斗场建于古罗马的佛拉维奥皇朝时代，公元72年，由维斯巴西安皇帝开始修建，8年后，由他的儿子接续完成。据说，它是罗马帝国在征服耶路撒冷之后，为了庆祝胜利和显示罗马帝国强大的威力，强迫8万名犹太人俘虏修建而成的。此后，在公元3世纪和5世纪又进行了重新修葺。

角斗场在同一时间里可以容纳3 000对角斗士同时上场，丧命于此的奴隶角斗士不计其数，杀戮的动物也是

数目惊人。据说,在角斗场建成后的 100 天内,就有 3.9 万头牲畜被活活杀死。这种野蛮的行径在当时就遭到正直人士的反对,有两名智者和一名基督教徒曾极力阻拦,并不惜牺牲自己的生命,到角斗场上自杀,以示抗议。但角斗已经慢慢演变为罗马人生活的重要娱乐活动和罗马城的象征。公元 8 世纪时,有一位贝达神父曾预言:"几时有斗兽场,几时便有罗马,斗兽场倒塌之日,便是罗马灭亡之时。罗马灭亡了,世界也要灭亡。"

到了公元 18 世纪,基督教教皇本笃十四世为了保存角斗场残留的遗迹,下令禁止开采,并在角斗场中央竖立了一座十字架来纪念耶稣的受难。因为在这块土地上曾有数以千计的基督信徒,在观众疯狂的叫喊声中为自己的信仰流血、牺牲。随着岁月流逝,世界历史已经翻开新的篇章,昔日充满血腥的角斗场已经变成罗马的重要标志,成为各国游客到罗马后的必游之地。

古罗马角斗场也称科洛西姆斗兽场,因建于弗拉维尤斯掌政时期,故又称"弗拉维尤斯圆剧场",是古罗马建筑在新观念、新材料、新技术的运用上具有代表意义的建筑艺术典范。它坐落在当时罗马城的正中心。这个时期的建筑,不像希腊时期贯穿着对宗教、对生灵较为纯粹的理想主义追求,而是更重视日常生活的居住和具体的享乐,更为实际,比较注重新技术成果在建筑中的推广和应用,以可以立即使用为目的。角斗场是不折不扣的罗马式建筑,罗马帝国的雄壮英伟的威力和气势在其中得到了淋漓尽致的表现。

角斗场呈椭圆形，长轴为 188 米，短轴为 156 米，高达 57 米，外墙周长有 520 余米，整个角斗场占地约为 2 万平方米，可容纳 5 万至 8 万名观众。角斗场中央是用于角斗的区域，长轴 86 米，短轴 54 米，周围有一道高墙与观众席隔开，以保护观众的安全。在角斗区四周是观众席，是逐级升高的台阶，共有 60 排座位，按等级地位的差别分为几个区。距离角斗区最近的下面一区是皇帝、元老、主教等罗马贵族和官吏的特别座席，这样的贵宾座是用整块大理石雕琢而成的，第二、三区是骑士和罗马公民的座位，第四区以上则是普通自由民（包括被解放了的奴隶）的座位。每隔一定的间距有一条纵向的过道，这些过道呈放射状分布在观众席的斜面上。这个结构的设计经过精密的计算，构思巧妙，方便观众快速就座和离场。这样，即使发生火灾或其他混乱的情形，观众都可以轻易而迅速地离场。

在观众席后，是拱形回廊，它环绕着角斗场四周。回廊立面总高度为 48.5 米，由上至下分为四层，下面三层每层由 80 个拱券组成，每两券之间立有壁柱。壁柱的柱式第一层是多立克式，健美粗犷，犹如孔武有力的男性；第二层是爱奥尼亚式，轻盈柔美，宛若沉静俊秀的少女；第三层是科林斯式，它结合前两者的特点，更为华丽细腻。这三层柱式结构既符合建筑力学的要求，又带给人极大的美学享受。第四层是由有长方形窗户的外墙和长方形半露的方柱构成，并建有梁托，露出墙外，外加偏倚的半柱式围墙作为装饰。在这一层的墙垣上，布置着一些坚固的杆子，是为扯帆布遮盖巨大的看台用的。四层拱形回廊的连续拱券变化和谐有序，富于节奏感，它使整个建筑显得宏伟而又精巧、凝重而又空灵。角斗场的特点从任何一个角度都能充分地显示出来，为建筑结构的处理提供了出色的典范。

角斗场通常是露天的，但若是在雨天或在艳阳高照下，则用巨大帆布遮盖场顶，由两组海军来操作。他们也常常参加角斗场举行的海战表演。

罗马角斗场用大理石以及几种岩石建成，墙用砖块、混凝土、金属构架固定。部位不同，用料也不同，柱子、墙身全部采用大理石垒砌，十分坚固。在历经2 000多年的风雨后，现在人们所见到的角斗场尽管破败不堪，但残留建筑的宏伟壮观，仍让人们为往日的辉煌成就啧啧称奇。

4. 古罗马建筑的代表作

——古罗马的万神庙

古罗马万神庙位于意大利首都罗马圆形广场的北部，是罗马最古老的建筑之一，也是古罗马建筑的代表作。这座神庙是继希腊神庙艺术的又一发展，它是世界上最大的圆顶建筑之一。为了纪念早年的奥古斯都（屋大维）打败安东尼和克里奥帕特拉（埃及艳后），由古罗马统帅阿格里帕兴建了矩形神庙。罗马人习惯于将多个神灵集于一堂供奉，因供奉罗马司掌天地诸神，故有"潘提翁"（万神）之称，因而叫"万神庙"。公元 80 年被焚毁，后来最喜欢做建筑设计的哈德良皇帝于公元 120—124 年重建了由矩形门廊加一个圆形神庙组成的万神庙。

万神庙主体建筑是圆筒形的，顶部是圆顶，像个粮仓，万神殿的正面是由高 12.5 米的圆柱支撑的希腊式门廊，神殿本身的直径与高度都是 43 米，圆形天花板镶嵌的华格全部镂空，以减轻重量。

万神庙的圆顶外表面最初是铺着镀铜瓦的，门廊山花里的雕塑也是镶铜的，但是，当你走进万神庙里面时，你会发现近 2 000 年前的古罗马人创造的伟大奇迹是无与伦比的。万神庙内部穹顶直径达 43.3 米,顶端高度也是 43.3 米。按照当时的观念,穹顶象征天宇。穹顶中央开了一个直径 8.9 米的采光圆眼,可能寓意着神的世界和人的世界的某种联系。它成为整个建筑的唯一入光口,从采光圆眼进来柔和的光,照亮空旷的内部,有一种宗教的宁谧气息。任何声音都可以互相撞回,使空间的共鸣性增大。此种围合性的空间感,造成了信神者内心的超然力量,它是一种静态的力量,却又感到有无比的压力。建筑史家说它是"把古希腊的回廊移进了室内"的结果,这是罗马神庙建筑中的典型的帝国风格。直径为43.3 米的万神庙大圆顶的世界纪录,直到 1960 年才被在罗马所建的直径达 100 米的新体育馆大圆顶打破。

万神庙的内部装饰很有韵律感,是典型的三段式节奏。建筑师用两道腰线把墙体和穹顶分成上、中、下三段。下段墙体表现了支撑的力量,结实厚重但绝不单调。实体墙和凹入墙体的大小神龛虚实交替,用希腊柱式进行装饰。小神龛的顶套交替使用三角顶套和弧形拱顶套，三角顶套是希腊神庙山花的浓缩，弧形拱顶套则是从罗马常用的拱券结构中演变来的。把建筑中的结构构件作为纯粹的装饰用途，是罗马建筑艺术的重要特征。中段墙体装饰比较简单，对上、下两段是很好的衬托，就好像音乐的节奏一样，这里是弱拍，更加突出了强拍的效果。中段墙体衬托着下段墙体的坚实和上部穹顶的精彩。上部穹顶是5层藻井，有秩序地排到顶部天洞的边缘，虽然藻井是一种减轻屋顶重量的结构手法，但艺术效果却是那么自然而然、顺理成章，当人们仰视穹顶的时候，会被深深地吸引。

万神庙在结构设计和施工方面是非常成功的。它的基础处理得非常好，墙体厚度与重量控制得非常合理，底部墙体6米厚，中部墙体要薄一些，而到了与圆顶交接处，为了平衡水平推力，墙体又加厚了。墙体还留有壁龛，既减轻了墙体重量，又形成了视觉上的虚实对比，避免了实体墙的单调，凹入的空间还有实际用途，作为放置神像或纪念伟人的地方。大神龛后来成了名人的墓穴，著名画家拉斐尔的墓就在这里。万神庙那么厚重的墙体，近两千年都没有任何沉降，不能不说是一种奇迹。

万神庙已在建筑史上留下了不可磨灭的痕迹，一个神庙式进口后面的一个高耸而有穹顶的圆形大厅，已被整个西方建筑所仿效。罗马军团的士兵曾在遥远的苏格兰建造了一座石头的穹顶圆厅建筑，仿万神庙的戴克里先陵建在南斯拉夫的斯普利特,耶路撒冷的圣莫大教堂也出于相似的设计。无数的早期基督教教堂仍使我们联想起万神庙,最伟大的文艺复兴建筑师在修建圣玛利亚圆形教堂时,也模仿了这座建筑。今天,这一成就依然活跃在我们的日常视野之中——教堂、乡间别墅,以及君主制、独裁制或是民主制的国家首都。哈德良万神庙的穹顶传遍了整个世界,为罗马帝国雄伟建筑所倾倒的人们,到处模仿万神庙的穹顶,成为各种权力的象征。

万神庙是唯一保存完整的罗马帝国时期的建筑物,显示了古代罗马人卓越的工程技术,是罗马建筑革命的伟大成就。

5. 千古航标
——埃及的亚历山大灯塔

亚历山大灯塔同吉萨金字塔一样，是世界公认的古代七大建筑奇观之一，也是埃及文明的象征。其遗址在埃及亚历山大城边的法洛斯特岛上。它不带有任何宗教色彩，纯粹为人民实际生活而建，它亦是当时世界上最高的建筑物。公元前330年，雄才大略、战功赫赫的亚历山大大帝攻占了埃及，并在尼罗河三角洲西北端即地中海南岸，在一座小渔村——拉克提斯的基础上，建立了一座以他的名字命名的城市，即亚历山大城。这是一座战略地位十分重要的城市，在以后的100年间，它成了埃及的首都，是世界上最繁华的城市之一，是一个重要的国际转运港，是地中海沿岸的避暑胜地。

亚历山大港最北端、距亚历山大海岸约1 000米的地中海内，有一座与陆地相平行的法罗斯小岛。在远古时代，这个岛屿曾是大陆的一部分。岛长2 600米，宽400～500米。岛屿的东端为一长230米、宽200米的整块巨石。托勒密一世时，修筑了一座全长为1 300米的人工桥，把大陆与小岛连接起来，形成"工"字形东、西两港，东港为主要出入港。

　　人工桥建成后,便在巨大的岩石上修建了灯塔,这就是矗立在岛屿上的、被誉为古代世界七大奇观之一的亚历山大灯塔。亚历山大灯塔高120米,加上塔基,整个高度约135米。塔分四层(四大部分),全部以纯白色大理石砌成,缝隙用熔化了的铅液浇铸,坚如磐石。第一层是方形结构,高60米,里面有300多个大小不等的房间,用来作燃料库、机房和工作人员的寝室。也许当时的建造者为了达到建筑艺术的特性,以消除整座灯塔的单调感,便在楼房之间建造了许多窗口。在整座灯塔的塔身下层,内部结构十分宽阔,并且在那里还建造了可以直接通向塔顶的倾斜式螺旋上升通道。第二层是八角形结构,高15米,每面都有精美的雕刻。第三层是圆形结构,上面用8米高的8根石柱围绕在圆顶灯楼。第四层是雕像,灯楼上面,矗立着8米高的太阳神赫利俄斯站立姿态的青铜雕像。太阳神手托一个大铜盘,内放柴油,日夜火焰冲天。整座灯塔都是用花岗石和铜等材料建筑而成,灯的燃料是橄榄油和木材。在塔内装有金属巨镜,用镜子把灯光反射到更远的海面上,以指引航船。一位阿拉伯旅行家在他的笔记中这样记载:"灯塔是建筑在三层台阶之上,在它的顶端,白天用一面镜子反射日光,晚上用火光引导船只。"

　　整个灯塔的面积约930平方米。这座无与伦比的灯塔,夜夜灯火通明,兢兢业业地为入港船只导航,它给舵手带来了一种安全感。可以想象 2 000 多年前亚历山大港的繁荣景象：海湾中百舸争流，帆樯如云；在高耸云霄的灯塔导航下，一艘艘希腊式的海船正鼓帆进港。

当亚历山大灯塔建成后，它当之无愧地成为当时世界上最高的建筑物，在今天也相当于现代的一幢 40 层高的建筑物。它的设计者是希腊的建筑师索斯查图斯。1 500 年来，亚历山大灯塔一直在暗夜中为水手们指引进港的路线。后来新的统治者迁都开罗，灯塔开始失修。公元 14 世纪，亚历山大城发生了一场罕见的大地震，摇晃的大地以巨大的力量摧毁了这座古代世界的建筑奇迹。这座亚历山大城的忠诚卫士、这顶亚历山大城的王冠就这样消失了。又过了一个世纪，埃及国王玛姆路克苏丹为了抵抗外来侵略、保卫埃及及其海岸线，下令在灯塔原址上修建了一座城堡，并以他本人的名字命名。埃及独立之后，城堡改成了航海博物馆。1996 年 11 月，一组潜水员在地中海深处发现了据说是亚历山大灯塔的遗留物。亚历山大灯塔成为第六个消失的古代建筑奇迹，从此，仅有金字塔独自证明着那个时代的辉煌。

雄伟壮观的亚历山大灯塔，体现了希腊后期文化的风格。千百年来也一直是人们心中的希望之塔、向往美好未来的不朽的航标。

6. 追求永恒与不朽

——土耳其摩索拉斯陵墓

摩索拉斯是一位远古时期安纳托利亚西南部卡里亚王国的城邦统治者,他离世于公元前 353 年,但他很早就开始着手为自己修建百年安寝之所了。为了能够让自己在百年之后依然可以享受着荣华,摩索拉斯命人务必将陵墓建造出最高的规格。也正是因为如此,摩索拉斯的陵墓被世人誉为古代世界的七大奇迹之一。

代表着古代世界建筑奇迹的摩索拉斯陵墓,就坐落于土耳其的西南部,是由摩索拉斯委托当时的建筑行业权威萨蒂洛斯和皮塞奥斯为自己修建的。摩索拉斯陵墓用来自帕罗斯岛的雕饰华丽的白色大理石建成,是一座底部为长方形的建筑,其面积达到了 1 200 平方米,高度则达到了 45 米,其中的墩座墙也有 20 米之高,柱子的高度为 12 米,堪称希腊古典时代晚期陵墓方面最有名的建筑。

摩索拉斯陵墓是一座神庙风格的建筑物,造型并不完美,但规模十分宏大。整座建筑由三部分组成。底部是高大、近似于方形的台基,高达 19 米,上平面长 39 米,宽 33 米，内有停棺。台基之上竖立着一个由 36 根柱子构成的爱奥尼亚式的珍奇华丽的连拱廊，高 11 米。最上层是拱廊支撑着的金字塔形屋顶，由规则的 24 级台阶构成，有人推测这一数字象征着摩索拉斯的执政年限。陵墓的顶饰是高达 4 米的摩索拉斯和王后阿尔特米西娅二世的乘车塑像，驷马战车疾驰如电掣，人物雕像惟妙惟肖，是典型的希腊作品，也是世界艺术史上著名的早期写实肖像雕刻作品之一。就这样，这座底边长约 39 米、宽 33 米的长方形陵墓一直向空中延伸至约 50 米，相当于 20 层楼的高度。抬头仰望，只见陵墓高耸入云，气势蔚为壮观，犹如悬在空中。有人说，这位太阳神赫利俄斯之子要效法高贵的埃及法老，去触摸太阳。

那么，摩索拉斯陵墓又凭什么成为古代世界的一大奇观呢？它有着什么样的建筑特色，会让后世之人竞相模仿呢？

关于上述问题的答案，或许现在的我们只能通过以往古希腊的相关记载了解一二。在古希腊的相关文献中，记载着这么一段摩索拉斯国王所说的话，这段话的大致意思是：我是卡里亚国王的统治者摩索拉斯，我在博德鲁姆坟冢下开始了千年、万年的长眠，在这里陪伴我的是一匹马与世间独一无二的大理石雕像。

是的，正如摩索拉斯自己所说的那样，摩索拉斯陵墓中存放着世上最杰出的雕像。这些雕像为这座宏伟的建筑物增添了不少光彩。史学家认为这些杰作均出自当时著名的艺术家之手，包括斯科巴斯、利俄卡利斯和提摩西阿斯等。摩索拉斯陵墓之所以成为一座建筑奇迹，还在于它是一座希腊雕刻艺术的杰出处所。通过摩索拉斯陵墓遗迹，我们可以看到在这座陵墓的柱廊之间、台基座周围，不仅有着大量的装饰性雕像，还有许许多多的浮雕，以及在陵墓前方的大理石上雕刻着石狮护卫，这些都最大化地体现出古代希腊的杰出雕刻艺术。

内室的三处浮雕装饰尤为引人注目：第一处表现的是马车，第二处是亚马孙族女战士和希腊人作战的情景，第三处是拉皮提人在和半人半马的怪物争斗。由于岁月的侵蚀，如今游人只能欣赏到浮雕中亚马孙族女战士和希腊人作战场景的残片，但管窥见豹，仅此一点就足以想象出这座宏大的纪念性建筑的非凡风貌。

只是这些雕刻精华，却因人为、天灾的破坏，而导致大量的艺术珍品遗失。这座具有爱奥尼亚式建筑特点的摩索拉斯陵墓，以其柔和俊秀与活泼精致而辉煌一世，将希腊与古代东方的各类艺术进行充分的整合，不仅创造了东西方艺术的结合体，更奠定了壮丽陵墓建筑的基础，这样一座建筑不名扬天下，对世人就是最大的遗憾。

呼啸而过的历史之风会留住永恒吗？面对摩索拉斯陵墓的残砖碎瓦，不知人们会做何感想；面对褒贬不一的说辞，不知人们会如何评断；面对各种似是而非的断言，不知人们能否期待着谜底的解开。

7. 古典建筑艺术的巅峰

—— 古希腊帕提农神庙

帕提农神庙是古希腊最著名的建筑，是举世闻名的世界七大奇迹之一，现位于希腊雅典。它建于古希腊最繁荣的古典时期，以无与伦比的美丽和谐、典雅精致和匀称优美表现了古希腊高度的建筑成就和艺术神韵，达到了古典艺术的巅峰，被世人公推为"不可企及的典范"。

帕提农神庙建在一个长 96.54 米、宽 30.9 米的基面上，下面是三级台阶，庙宇东西长 70 米，南北宽 31 米。四面是由雄伟挺拔的多立克式列柱组成的围廊，肃穆端庄，高贵大方，有很强的纪念性。神庙正面打破了以往使用 6 根圆柱的惯例，用了 8 根石柱，以彰显国家的雄风。

两侧各为 17 根列柱,每根高 10.43 米,柱底直径 1.9 米,由 11 块鼓形大理石垒成。柱子比例匀称,刚劲雄健,又隐含着妩媚与秀丽。雅典人以惊人的精细和敏锐对待这座神庙:柱子直径由 1.9 米向上递减至 1.3 米,中部微微鼓出,柔韧有力而绝无僵滞之感。所有列柱并不是绝对垂直,都向建筑平面中心微微倾斜,使建筑感觉更加稳定。有人做过测量,说这些柱子的向上延长线将在上空 2.4 千米处相交于一点。列柱的间距也不是完全一致的,间距在逐渐减小,角柱稍微加粗,使因在天空背景上显得较暗因而似乎较细的角柱获得视觉上的纠正。所有水平线条如台基线、檐口线都向上微微拱起,山面凸起 60 毫米,长面凸起 110 毫米,以矫正真正水平时中部反觉下坠的感觉。这样,几乎每块石头的形状都会有一些差别,正好矫正了视觉上的误差。建造者必须拥有极其认真的工作精神和高昂的创造热情,才能完成如此繁杂而精细的处理。

神庙的檐部较薄,柱间净空较宽,柱头简洁有力,洗练明快:围廊内上部一圈刻着祭祀庆典行列,屋顶是两坡顶,顶的东西两端形成三角形的山墙,上面有精美的浮雕。这种格式成为古典建筑风格的基本形式。庙墙上端的石柱之间用 92 块大理石浮雕板装饰而成,全长 152 米,宽 0.9 米,上面的连环浮雕,现存于大英博物馆,表现的是雅典娜的诞生以及她与海神争夺雅典城保护神地位的竞争。环绕神殿周围的浮雕板,刻画了半人半马的萨提儿与拉匹斯人的战争。神庙的饰带浮雕，记载了每四年一度的为女神雅典娜奉献新衣的盛大宗教庆典中的游行队伍，长长的马队疾驰向前，矫健的骏马、健美的青年都生机盎然，充满着节日的喜悦。这些浮雕精美细腻，栩栩如生，仿佛能让人感受到当年雅典卫城节日的气氛，能聆听到游行队伍的马蹄声和喧闹声，看到众神在奥林匹斯山上俯瞰雅典，接受雅典人的感恩祭祀的情景。这些浮雕曾经涂着金、蓝和红色，铜门镀金，瓦当、柱头和整个檐部也都曾有过浓重的颜色，在灿烂阳光照耀着的白色大理石衬托下，鲜丽明快。

神殿的内部分成两个大厅，正厅又叫东厅，厅内原本供奉着著名雕刻大师菲迪亚斯雕刻的雅典娜神像。据载，雅典娜女神身穿战服，高达 12 米，象牙雕刻的脸柔和细致，手脚、臂膀细腻逼真，宝石镶嵌的眼睛炯炯发亮。她戴着黄金制造的头盔，头盔正中央是狮身人面的斯芬克斯，两边是狮身鹫嘴有翅的格里芬。胸前的护心镜上装饰着蛇发女妖美杜莎的头。长矛倚在肩上，刻着希腊人与亚马孙人之战的盾牌放在一边，右手托着一个黄金和象牙雕制的胜利女神像，英姿飒爽，威风凛凛。西门内是附殿，储存财宝和档案。

整个庙宇最突出的是它整体上的和谐统一和细节上的完美精致。神庙的建筑建立在严格的比例关系上，反复运用毕达哥拉斯定理，尺度合宜，比例匀称，反映了古希腊文化中数学和理性的审美观，以及对和谐的形式美的崇尚。整个结构中，几乎没有一根直线，每个布局表面都是弯曲的或锥形的，或隆起的，这使人们在观察它的外形时，不会因直线产生错觉而影响对和谐与完美的感受。整个神庙全部用白色大理石建筑，铜门镀金，山墙尖上饰有金箔，檐部则布满雕刻，并涂以红、蓝、金等浓厚鲜明的色彩。在蓝天丽日的映照下，宛若一曲荡气回肠的建筑交响乐，给人以庄严崇高的印象。

　　这座神庙自建成以来，历经了2 000多年的沧桑变化。在公元426年，希腊城邦衰亡后，神庙被改作基督教堂。到了土耳其统治时期，它又变成了伊斯兰教的清真寺。一直到17世纪中叶，帕提农神庙还保存得相当完整，但在1687年，当土耳其和威尼斯交战时，威尼斯人的一颗炮弹打进了被土耳其人充作火药库的神庙内，把庙顶和殿墙全部炸塌了，神庙毁于一旦。而到19世纪初，英国驻君士坦丁堡的大使埃尔金竟雇用工匠，把神庙内雕刻着雅典娜功业的巨型大理石浮雕劫走。这批稀世之珍，有些在锯凿过程中破碎损毁，有些因航海遇难而沉入海底，幸存的残片现陈列在英、法等国的博物馆里。

　　20世纪著名的建筑大师柯布西耶在游历过帕提农神庙后，也叹为观止。他是这样描述的：它有可怕的超自然力量，使得方圆数里范围内的一切，均为之碎裂。古希腊是西欧文明的发源地，在种种得天独厚的条件之下，最完美无瑕的建筑形式诞生了，它的影响波及世界，是随后各地出现的许多建筑风格的基础。帕提农神庙反映出希腊空前高涨的民族凝聚力,贯穿着崇高庄严的美和英雄主义勃发的激情,经过悠久的岁月,至今依然光彩夺目。它是世界建筑史上的不朽之作,也是世界艺术宝库中的瑰丽珍品。

8. 佛塔之王

—— 缅甸的仰光金塔

仰光是缅甸的首都，这里风景如画，景色宜人。在一片绿树丛中，有两个清澈如镜的大湖——皇家湖和茵雅湖。在茵雅湖畔丁固达拉岗上，耸立着举世闻名的宏伟壮丽、璀璨华贵的仰光大金塔。

仰光金塔又称瑞光大金塔，为一座佛教塔，它建于公元前6世纪。关于塔的修建缘由有着一段与佛祖释迦牟尼相关的神圣传说。公元前585年，印度发生饥荒，有叫科迦达普陀的两兄弟载着一船大米去救济灾民。在印度时，他们在一棵菩提树下巧遇佛祖释迦牟尼。佛祖赐给了他们8根头发，佛祖告诉这两兄弟，佛发要与原先埋在丁固达拉岗的另外三佛舍利一起埋葬。那三佛舍利指的是拘留孙佛的法杖、拘那含佛的滤水器与迦叶佛的袈裟。科迦达普陀两兄弟在神的帮助下找到了三佛舍利，把三佛舍利和佛祖的8根头发盛于红宝石盒中埋在一处，并在上面修建了佛塔以供人瞻拜，这就是仰光金塔的前身，故金塔又称"四佛舍利塔"。四佛舍利同葬一处的传说，使得金塔成为佛教徒的一个圣地。因此2 000多年来大金塔香火不断,盛名远播。

缅甸素有"佛塔之国"的美誉,无论是在繁华的城镇,或是穷乡僻壤,到处都可见到佛塔。大金塔则是众多佛塔中最令人惊艳的。金塔高99米,加上基座共113米。主塔上端以纯金箔贴面,整体贴了纯金箔1 000多张,所用黄金达7吨多,堪称奇迹。整个金塔在阳光照耀下,金碧辉煌,灿烂夺目。塔顶有一把金属宝伞,重1 250千克,宝伞下镶有5 448颗钻石和2 000颗宝石,顶端的大钻石重76克拉。在宝伞上还悬挂有1 065个金铃和420个银铃,微风过处,叮当悦耳。这些风铃都来自缅甸各个不同地区和不同民族人民的捐赠。每一只风铃都凝聚着缅甸人民的心血,系着缅甸人民的祈福。这些风铃在风风雨雨中摇曳飘动了几个世纪,合奏着缅甸人的团结之歌,也表达着千千万万善良人的美好心愿。

大金塔东南角有一株菩提树,相传是从印度释迦牟尼金刚宝座的圣树苗移来,树叶婆娑,透着一种神秘的色彩。在塔基四周还有伞形花塔44个、穴亭82座以及各种大小佛殿。这些建筑错落有致,与主塔浑然一体,使得整个建筑群庄严神圣、气势宏伟。

在佛廊、佛殿和佛亭上都饰有精美的浮雕和绘画,浮雕和画面上的佛像、神怪异兽形态各异,或肃穆端庄,或狰狞可怖,展示了缅甸人高超的艺术水准,更显示了宗教艺术独有的魅力。

9. 伊斯兰最大的礼拜寺

——伊拉克的萨马拉大清真寺

著名的萨马拉大清真寺位于伊拉克的萨马拉城。萨马拉在公元 836 年以后，曾两度作为哈里发的都城，哈里发在此曾修建了许多规模宏大、气派讲究的工程，萨马拉大清真寺是其中的典型代表。萨马拉大清真寺被称作世界上最大的清真寺。它南北长 238 米，东西宽 155 米，总面积有 4 万多平方米，十分庞大壮观，从空中俯瞰更能感受其规模的宏大。它的建筑形制与基本面貌是当时清真寺的典范。大清真寺平面呈长方形，中轴线指向麦加的朝向，中间有一个侧堂环绕的庭院，长 145 米、宽 100 米，侧堂导向着麦加的朝向。依据《古兰经》，信徒必须朝向麦加礼拜，萨马拉城在麦加的北面，所以整个清真寺的中心——礼拜殿，设在寺院的南边。礼拜殿的规模也是全寺最大的，一共进深 9 间。东、西两边的殿堂进深为 4 间，北面进深为 3 间。在麦加朝向那边的正中央有个小小的神龛作为标志，称作"米拉伯"。

萨马拉大清真寺中有一半的面积是由有 464 根立柱支撑的木顶覆盖的。殿堂的柱子是复合形的，内里是大理石的八角形砖柱,四面又再各附一个壁柱,柱子直接支撑着木构的平屋顶。这些木顶和墙面上原来镶有的镶嵌画现在已荡然无存。

整个大清真寺被高大而厚重的砖墙包围,墙面上每隔 15 米有一个半圆形的塔状扶壁,墙头上原有雉堞。清真寺一共开设了 13 个大门,正门在北面。每个门洞上原来有着木制的楣梁,楣梁上的拱壁装饰着浮雕,十分精美。

从公元 7 世纪末开始,穆斯林统治者建立了稳固政权,便开始大规模地兴建清真寺,以巩固宗教的权力。清真寺按照伊斯兰教的圣书《古兰经》的教诲,在建筑安排及内部装饰上有许多自己的特点。伊斯兰教要求穆斯林每周 5 次进寺礼拜,尤其是星期五必行聚会,所以清真寺的殿内空间都比较大。清真寺拜殿的朝向还是秉承以往的麦加方向,这里的麦加实际上指代的是麦加城里的克尔白大寺。克尔白大寺被称为"禁寺",是穆斯林的精神中心。《古兰经》中多次提到礼拜时面向克尔白大寺的重要性:"为世人而刱设的最古的清真寺,确是麦加的那所吉祥的天房、全世界的向导……""我以天房为众人的归宿地和安宁地""你应当把你的面转向禁寺。你们无论在哪里,都应当把你们的脸转向禁寺"。这决定了世界各地清真寺的方向。当穆斯林们面向殿内的圣龛礼拜时,同时也就朝向了克尔白大寺。此外,因为伊斯兰教要求人们在礼拜前进行清洁(《古兰经》说:"真主喜爱洁净的人。"），所以，在礼拜寺里一般都会有水池或喷泉。礼拜寺的周围还常有高塔，它们被称为"宣礼塔"，每当礼拜时间将到，宣礼师便会登上高塔，高呼着向四方召唤信徒。

清真寺最初的建筑形式及寺内设施都很简单淳朴：一块围起来的地方，面向麦加的一面作为正墙，位于正墙正中是圣龛，圣龛右边设讲经坛，供讲经和领导祈祷之用。正墙一边设柱廊以遮挡阳光，寺院中还有行沐浴礼用的水池，在寺院四隅还有一个或数个宣礼塔。这些设施确立了世界各地清真寺的基本形制。随着伊斯兰教的兴盛，清真寺的建筑和装饰上也越加复杂和壮丽，简单的柱廊演变为多柱式，祈祷室加高、加宽成为正厅。为了突出圣龛，正厅上部增加了象征着真主的圆顶，气势恢宏。圆顶几乎成为整个伊斯兰世界清真寺的标志，在伊斯兰教传播的地方几乎处处可见。

萨马拉大清真寺中最著名也最壮观的建筑就是宣礼塔。它建于公元 837 年，位于清真寺北面正对着大门的位置。它的轴线与寺院重合，并有坡道与清真寺相连。宣礼塔名为"马尔维亚"，意思为"蜗牛壳"。宣礼塔的塔基为正方形，一共有两层，底层边长约 30 米。在上层台基上高耸着巨大的圆柱状塔体，越往上越细。一条螺旋的梯道围绕着塔体盘旋上升，旋绕四圈直达塔顶的小圆殿。整个塔体高达 50 米，用砖砌成。马尔维亚宣礼塔是伊拉克阿巴斯王朝时代建筑艺术的杰作。它的设计雄浑朴拙，不同凡响，显露着一种质朴古拙的原始之美，从中可以立刻感到早在公元前 2 000 多年由苏美尔人建造的观象台的影子（观象台是方的，在公元前 6 世纪中叶以前亚述和新巴比伦时期曾被广为兴建），再现了古代美索不达米亚高塔的风采。直立而高耸的塔体与脚下横向伸展的寺院产生强烈的对比，使塔体更显挺拔雄伟。塔身的材料装饰又和整个清真寺一致，和谐而统一。高和低、平和起、混沌与壮丽、奇伟与规整互相对比和映衬，使得萨马拉大清真寺雄奇壮丽，显示出伊斯兰教巨大的感召力与凝聚力。这种设计或许也意味着当时哈里发王朝向全世界宣告自己要建立雄伟霸业的野心和抱负。

10. 世界上现存最古老的木造建筑

——日本的法隆寺

法隆寺位于日本奈良县的斑鸠町，又名"斑鸠寺"。它是日本现存最古老的寺院，也是世界上现存最古老的木造建筑，是公元607年由圣德太子创建的，寺内建筑包括楼厅、屋顶、墙壁和柱子，全部用木料建成，总建筑面积达18万平方米。

法隆寺坐北朝南，分东西两院，西院有南大门、中门、回廊、金堂、五重塔、三经院、大讲堂、钟楼等建筑；东院有梦殿、中宫寺等寺殿，共有40多座古建筑。寺院入口的木柱上标注着兴建年份为公元670年，这是法隆寺遭逢大火后重建的日子。原先建于公元607年的柱子，已在火灾中被毁。法隆寺内有17栋建筑被列为日本国宝级建筑，26栋被列为重要文化遗产。除了这些历史建筑珍品，法隆寺还收藏了大批的珍贵文物，其中被定为国宝和重要文化遗产的就有190种，达数千件。例如木雕的圣德太子像、惠慈法师坐像、梦殿的秘佛救世观世音立像。为祈祷圣德太子冥福而由当时著名的佛师止利建造的释迦三尊像，因面目慈祥被称为"古典式微笑"。两米多高的苗条的百济观音像、玉虫橱子等许多"飞鸟时代"具有代表性的佛教艺术作品都精美绝伦，价值连城。集工艺之精华的玉虫橱子，上有透雕的金银花蔓草纹，这种花纹的源流可追溯到波斯、希腊、东罗马等地，表现了西域文化对日本的影响。玉虫祭坛最初是用上百万只闪光的甲虫翅膀镶嵌而成的，极为细致精巧，巧夺天工，它归皇后所有。西区大殿中的青铜佛像，平静如水，闭目养神，露出幸福之意。它们和在丝绸之路上发现的佛教艺术风格极为相似。寺内还珍藏有祈祷世界安宁的经典《陀罗尼经》，被确认为世界上最古老的印刷品。

　　法隆寺塔共五层，底层至四层平面 3 间，第五层 2 间。塔内有中心柱，由平直贯宝顶。塔总高 32.45 米，其中相轮等约高 9 米。各层面阔不大（底层总面阔 10.84 米），层高小（底层柱子高只有 3 米多，二层柱高约 1.4 米），而出檐很大（底层出 4.2 米），所以这座塔仿佛就是几层屋檐的重叠，非常轻快俊逸。它像一只雄鹰，横绝大海，从中国飞来，趾爪初落，健翮未收，羽翼间还响着呼呼的风声。

法隆寺保存了飞鸟时代的建筑方法和特点,其布局、结构、形式深受中国南北朝建筑的影响。建筑主体采用木造结构,殿顶架起云形半拱,脊瓦覆盖之下是排排片瓦,屋脊两端装饰有鸱尾,还有勾式样装饰的栏杆,都极富中国南北时期的佛教寺院特征。此外,由于间接受到印度伽蓝(梵语中"寺院"的意思)的影响,寺院采用了完整的七堂形式,由门楼、寺塔、金堂、讲堂、钟楼、藏经楼以及回廊和僧房组成。根据迄今保存的寺院建筑和寺院图样来看,法隆寺的基本特点是采用将金堂与寺塔置于东西两侧,以回廊环绕大殿的形式。建筑群体浑然一体,不仅注重整体效果,还考虑与环境的自然联系。和谐平衡而又不拘细节,洒脱大方。屋顶较为平缓的坡度、较长的飞檐都体现出水平方向的力度,给人以稳定的感觉。寺院大量使用木材作为建筑材料,既是就地取材的结果,也是满足木结构抗震的需要。

法隆寺内还有一处日本最古老的八角形建筑,这就是建于公元739年的梦殿。传说这座殿堂是因法隆寺的建造者圣德太子有一晚梦见了释迦牟尼的使者而建造的,故名"梦殿"。这是日本最古老的八角圆堂,设计得协调、优雅,给人一种神秘的感觉。殿中央是用花岗岩建筑的八角形佛坛,屋顶上镶嵌有漂亮华贵的宝珠,殿内本尊是救世观音像。在这座高雅的八角形建筑中有一座"隐身雕像",就是圣德太子的立像,几个世纪以来,一直保存在这个寺庙中,和百济观音一样为人们所供奉。直到今天,在绝大部分时间里,梦殿都不对外开放,只在每年的4月11日、5月5日、10月22日和11月3日才对外展示。

法隆寺是日本的骄傲,也是日本建筑史研究的一个重点。历经千年风吹雨打,法隆寺对称和谐,橙色的栋柱以及白墙绿窗灿烂辉煌,绚丽夺目。一登山门,就会被其隽永的气氛深深感染。在日本,法隆寺第一个以寺院形式被联合国教科文组织列为"世界文化遗产"。

11. 世界上第一座敞肩式单券石拱桥

——中国的赵州桥

著名的赵州桥是中国宋代之前的杰作。赵州桥在河北,又名大石桥、安济桥,是世界上第一座敞肩式单券石拱桥。"隋唐以来的桥梁之年代可考者极少,河北赵县安济桥,不惟确知,为隋匠李春所造,且可谓中国工程界之一绝"——建筑工程学家梁思成这样认为。

根据考证,赵州桥于隋开皇末年(公元 600 年)至大业初年(公元 605 年)由当时著名匠师李春、李通设计,距今已近 1 400 年历史。此桥净跨 38 米,矢高 7.24 米,矢跨比小到 1:5。其造型简约舒展,构造科学完美。

赵州桥设计的一大创新点就是改以往常用的实肩拱为敞肩拱,也就是在大拱两旁分别增设两个小拱。赵州桥主拱是由 28 道各自独立的并列拱券组成的,拱厚皆为 1.03 米。每券各自独立,可以单独操作,比较灵活,但是这却成了建桥设计的重要技术难点。为此,李春采取了一系列的技术措施加强各券之间的横向联系。其一,每券都采用下宽上窄、略有收分的办法;其二,依靠桥身重量压住拱券;其三,两侧护拱石各设 6 块钩头石;其四,在主券上均匀地设有 5 根铁拉杆,拉杆两端有半圆形杆头露出石外,以增强其横向拉力;其五,在两侧外券相邻的每两石之间都穿有铁腰,各道券之间相邻的石块也都在拱背穿有铁腰。

赵州桥的建筑艺术成就不仅体现在主拱的修造上,同时也体现在敞肩即在主拱两端各有两个小拱的处理上。靠近拱脚的小拱净跨为 3.8 米,另一小拱的净跨为 2.85 米,两券都是 65 厘米厚。4 个小拱也都采取各自独立的 28 道并列纵券,与主拱一样采取了护拱石等增强横向拉力的各种措施。敞肩拱形式符合结构力学理论,在建筑材料的使用上也更加节省,这不但能减轻桥身的重量,还能减小对桥基和桥台的作用力,大大提升了桥梁的稳定性。"一大四小"5 个敞肩拱增加了桥体泄洪的能力,4 个小拱分散了洪流的冲击力,提高了大桥的安全性,这在很大程度上延长了大桥的寿命。同时,敞肩比实肩更增加了造型的优美,主拱与小拱构成一幅完整的图画,使赵州桥显得更加轻巧、秀丽。近 1 400 年来,赵州桥经受了无数次大地震的考验,被誉为"天下之雄胜"。

另外,赵州桥巧用了单孔结构。多孔结构是我国古代长桥建筑中比较常用的一种形式,其优点是散开的每个小孔都具有跨度小的特点,这便于修建时行人的通过。另外,孔数的增多也分散了长桥的跨度。但是孔数增多的同时也增加了桥墩的数量,容易阻碍河中舟船的通行和洪水的排泄。再者,桥墩一多,受到水流的冲击和腐蚀的可能性就大，日子一久就会有桥梁坍塌的危险。因此赵州桥在设计上采用单孔大跨度的结构，避免了这些问题。如此长的单孔跨度桥，在我国古代桥梁史上可谓空前的创举。结合上述内容，我们可以从以下三个方面对赵州桥做出高度的评价。

第一是"券"小于半圆。我国习惯上把弧形的桥洞、门洞之类的建筑叫作"券"。一般石桥的券，大多为半圆形。但赵州桥跨度很大，从这一头到那一头有 37.02 米。如果把券修成半圆形，那桥洞就要高 18.52 米。这样车马行人过桥，就好比越过一座小山，非常费劲。赵州桥的券是小于半圆的一段弧，这既降低了桥的高度，减少了修桥的石料与人工，又使桥体非常美观，很像天上的长虹。

第二是"撞"空而不实。券的两肩叫"撞"。一般石桥的撞多用石料砌实，但赵州桥的撞没有砌实，而是在券的两肩各砌两个弧形的小券。这样桥体增加了 4 个小券，大约节省了 180 立方米石料，使桥的重量减轻了大约 500 吨。而且，当洨河涨水时，一部分水可以从小券流过，既可以使水流畅通，又减小了洪水对桥的冲击，保证了桥的安全。

第三是洞砌并列式。它用 28 道小券并列成 9.6 米宽的大券。可是用并列式砌，各道窄券的石块间没有相互联系，不如纵列式坚固。为了弥补这个缺点，建造赵州桥时，在各道窄券的石块之间加了铁钉，使它们连成了整体。用并列式修造的窄券，即使坏了一个，也不会牵动全局,修补容易,而且在修桥时也不影响桥上交通。

作为中国古桥的经典范本,在河北、山西一带,曾经涌现出很多仿效赵州桥的作品。比如,在河北邢台有一座充满沧桑感的弘济桥,始建于隋朝,重修于明代。这座桥在建筑规模上略小于赵州桥,长 49.8 米,宽 6.82 米。另外,在赵县城内离赵州桥不远处便有一座石拱桥——永通桥,俗称小石桥,它横跨在赵州城西门口的清水河上,始建于唐代永泰初年(公元 765 年)。作为一座敞肩式石拱桥,它的结构、造型,甚至栏板、望柱的形式,都和赵州桥非常相似,因此当地人常常把这两座桥称为"姊妹桥"。

赵州桥造型独特,建筑宏伟,巨身空灵,轮廓清晰,线条柔和,寓秀逸于雄伟之中。赵州桥在建筑史上占有极其重要的地位,对世界的桥梁工程建设产生了巨大而深远的影响,尤其是"敞肩拱"的运用,为世界桥梁史上之首创,古今中外莫不效仿。因此,赵州桥又被称为"天下第一桥"。如今,不论在中国还是在外国,不少钢筋混凝土的现代桥梁仍在借鉴赵州桥的敞肩样式。从隋唐到今天,从中国到世界,赵州桥的影响还将延续下去。

12. 英国王室历史悲欢的见证

——威斯敏斯特教堂

威斯敏斯特教堂是英国皇家教堂，以其辉煌壮丽的宏伟气派被誉为欧洲最美丽的教堂之一。自建成后，威斯敏斯特教堂一直是英国国王举行加冕典礼的场所。无论是在世界建筑史，还是在英国悠长的历史上，它都占据着举足轻重的位置。许多英国王室成员、政治家、宗教界名人以及著名诗人都葬在此处，给它增添了一份肃穆的气质。1987年，联合国教科文组织将其定为世界文化遗产。

威斯敏斯特大教堂亦称西敏寺，正式名称为"圣彼得联合教堂"，是一座壮丽的哥特式教堂。它的前身是7世纪时建在泰晤士河一个小岛上的祭祀圣彼得的小教堂。从创建时起，因为它位于城区以西，寺院就称作威斯敏斯特寺，意为"西寺"，表示是西边的大寺院，以便和位于城东伦敦塔外的一个都会寺院——"东寺"相区别。

威斯敏斯特教堂主要由教堂及修道院两大部分组成。教堂的平面呈拉丁十字形，总长156米，宽22米。大穹隆顶高31米，穹顶以西是歌唱班的席位，以东是祭坛。教堂西部的双塔高达 68.6 米。教堂东端即教堂中轴线的末端，原是圣母礼拜堂，后来被毁坏。16 世纪初，在这个位置上建起著名的亨利七世礼拜堂。这是英国中世纪建筑最杰出的代表作品。别具一格的建筑风格及其精美华丽的装饰使它成为"让导游最费口舌的地方"。礼拜堂有独立的本堂和两边侧廊，陵寝设在一端。扇形垂饰和华美的钟乳石拱顶，构思巧妙，是整个建筑中最精彩之处。室内墙上满布壁龛，龛内共立有 95 个雕像。这座礼拜堂装饰华丽精美，被认为是"所有基督教国家中的至美之所"。

威斯敏斯特教堂全系石造，由圣殿、翼廊、钟楼等堂组成。进入教堂的拱门圆顶，走过庄严却有些灰暗的通道，眼前豁然一亮，进入到豪华绚丽的内厅。教堂内宽阔高远、构造复杂的穹顶被装点得美轮美奂，由穹顶挂下来的大吊灯华丽璀璨，流光溢彩。地上铺的是华贵富丽的红毯，一直通向铺着鲜艳的红色丝绒、装饰得金碧辉煌的祭坛。这就是举行王室加冕礼和皇家婚礼的正地。祭坛后是一座高达 3 层的豪华坟墓——爱德华之墓。祭坛前面有一座尖背靠椅，这是历代帝王在加冕时坐的宝座，据说是件有 700 多年历史的、一直使用至今的古董。宝座下面摆放着一块来自苏格兰的被称作"斯库恩"的圣石。宝座和圣石都是英国的镇国之宝。西敏寺是一部英国王室的石头史书，据统计约有 40 位王储在此举办过加冕礼。威斯敏斯特大教堂还是英国君主的陵墓所在地，英国君主死后都长眠于此。国王登基、王室成员的婚礼以及其他历史性的庆典，也多在这里举行。威斯敏斯特大教堂实际上成了英国皇室的御用教堂。

除了王室陵墓外，这里也安葬着许多伟大的人物，正如法国的名人死后要葬在先贤祠，英国的名人死后则有幸进入威斯敏斯特教堂。他们或被埋葬在教堂内，或在此竖立纪念碑。这里有一些著名政治家、科学家、军事家、文学家的墓地，其中有丘吉尔、牛顿、达尔文、狄更斯、布朗宁等人之墓。"诗人角"就是诗人和作家墓祠的荟萃地。这里还有著名的第一次世界大战时的无名战士之墓。所以这里墓室累累、纪念碑林立，由于人数众多，不得不将棺椁竖起来埋放在地下，最终还是"无处插针"，才开始将伟人们向圣保罗教堂转移。

威斯敏斯特教堂内还有大量馆藏，加冕用品以及勋章等庆典用品都收藏于此。还有英国王室收集的关于历史、艺术、科学等各个方面的资料，如1 500多年以来富于戏剧性的历史记录都保存于此。人们在赞叹威斯敏斯特教堂建筑艺术的同时，还可以从中了解到英国的历史。

威斯敏斯特教堂是世界上最巍峨壮丽的教堂之一。它在国际上的知名度不亚于梵蒂冈的圣彼得大教堂，对于英国的百姓来说，它的政治地位也几乎与白金汉宫相当。这不仅因为威斯敏斯特教堂是大多数英国人寄托精神信仰的所在，更重要的是，它还是英国王室历史悲欢的见证。

13. 驰名世界的艺术圣殿

——法国卢浮宫

卢浮宫又译罗浮宫，与列宁格勒博物馆、梵蒂冈博物馆并称为"世博三雄"，而且还是三雄中的龙头老大与艺术藏品最为珍贵和丰富的博物馆，也是法国历史上最悠久的王宫。它虽然地处巴黎，却让全世界为之瞩目，特别是其所拥有的 40 万件珍品，已使其成为世界著名的艺术殿堂。它既是一件伟大的艺术杰作，又是法国近千年来历史的见证。

卢浮宫是经过多年不断扩建完成的，所以其建筑风格既受文艺复兴风格的影响，又有巴洛克风格的特征，而其东立面则是典型的新古典主义风格。

走近卢浮宫，只见它有一座高大、方形的正殿，正殿两侧伸展出两个侧厅，巴卡鲁塞广场被围抱在当中。东面有长柱廊，远远望去极为壮观；南侧紧贴塞纳河；北侧是带有阁楼屋顶和长廊的四层古建筑群，一字排开，整齐美观；面向中心广场的两排建筑上，共有 86 尊名人塑像；广场中央的小凯旋门是为纪念拿破仑在奥斯特里茨战役中的军功而建的。

卢浮宫内部有精心布置的 6 个陈列馆,即希腊和罗马艺术馆、埃及艺术馆、东方艺术馆、绘画艺术馆、雕塑艺术馆、服饰艺术馆。各个陈列馆既是博物馆的一部分,又是各自独立的整体布局,其中绘画艺术馆展品最多,占地面积最大。卢浮宫区有 198 个展览大厅,最大的大厅长 205 米。显然,用一两天的时间根本无法欣赏到全部的稀世珍品。卢浮宫展馆共有 225 个展室,展出面积 7 万多平方米,若从南到北参观两个馆需要步行 1 700 多米。展馆内不仅有从中世纪到现代的雕塑作品,还有数量惊人的王室珍玩以及绘画精品。卢浮宫收藏的艺术品已达 40 万件,包括雕塑、绘画、美术工艺及古代东方、古埃及和古希腊罗马的艺术珍品,相当一部分来自王室珍藏。其艺术藏品种类之丰富、档次之高,堪称世界一流。其中最重要的镇馆三宝是世人皆知的《蒙娜丽莎》《米洛的维纳斯》和《萨莫特拉斯的胜利女神》。

卢浮宫在 20 世纪 80 年代进行了改造,作为法国大革命两百周年纪念的献礼项目。1981 年,法国社会党人密特朗当选法国总统,他认为"社会主义事业首先是一项文化工程"。所以他一上台就下令改造卢浮宫,要在法国大革命两百周年的 1989 年前完工。这样一个古典建筑群如何改造,新增加的面积如何与原有建筑对接,在老卢浮宫一砖一石都不能动的情况下,在各方面的条件都限制得很死的情况下,如何满足使用功能的要求,还要表现出与卢浮宫相称的艺术价值,这是世界级的难题。

卢浮宫原来的主立面是东立面,在这个世界级的建筑杰作前面无论做什么都是对景观的破坏。当时主设计师贝聿铭回避了这块可能会引起是非的地方,他把主入口选在了卢浮宫后面的三合院里,也就是西面。这样新入口就直接朝向香榭丽舍大街,迎送客流更有利了。贝聿铭设计的入口是一个高 21 米、宽 30 米的玻璃金字塔,这是绝妙之笔。

　　玻璃金字塔解决了地下室的采光问题,卢浮宫前所未有地有了一个非常敞亮的大厅。玻璃金字塔是透明的物体,放在由古典建筑围成的院子中,不会像任何实体建筑那样割裂空间,它是实在的,却也是通透的。它的存在突出了中心,却不会掩盖卢浮宫原来建筑的高傲的存在。金字塔的造型本身是古代的,但全玻璃的建筑又是现代的,现代与古典呼应,既尊重历史,又充满活力。玻璃金字塔与文艺复兴风格的老建筑相对比,互相衬映却不会互相削弱,现代风格与古典风格和谐地交融在一起。

　　然而玻璃金字塔方案一开始也遇到了很大的阻力,方案刚一公开就遭到普遍的激烈的反对,媒体一片攻击声,说什么"低廉的钻石""充满葬礼气氛""巴黎不要金字塔"等,还有人说金字塔是大众的艺术。贝聿铭首先说服了反对他的巴黎市长、后来的法国总统希拉克,然后他按照金字塔的实际尺寸做了一个模型摆在现场,征求巴黎市民的意见,有 6 万多市民投了票。眼见为实,多数人看到模型后投了赞成票。经过 18 个月的论战,密特朗总统亲自批准了金字塔方案。

　　1988 年 7 月 3 日,卢浮宫改造工程竣工了,这件完美的艺术作品令巴黎人震惊了,他们交口称赞,"它真是太美了,美得不可思议",是"飞来的巨大宝石",媒体也齐声称赞。连以前攻击金字塔最厉害的《费加罗报》也不得不承认,"不管怎么说,金字塔很美丽"。密特朗总统也特别授予贝聿铭荣誉勋章。

　　贝聿铭是很喜欢、很擅长运用三角造型的。卢浮宫改造工程除了 1 个大金字塔外,还有 3 个小金字塔和 7 个三角形喷泉,三角形是卢浮宫改造工程的建筑母型。

14. 罗马风建筑的典型代表

——意大利比萨大教堂

西罗马帝国覆灭后,意大利四分五裂,这使得一些意大利城市获得了自由发展的空间。在意大利沿海一些地方,如比萨、热那亚、威尼斯等城市实行了城市自治制度。这些城市靠海上贸易赚取了财富,增强了城市实力。到11世纪中叶时,比萨的经济力量和海军力量已经发展得很强大。

1062 年,比萨海军打败了阿拉伯人的舰队并夺回了意大利南部的西西里岛,比萨市政委员会为了纪念这场胜利,决定建一座世界上最漂亮的教堂以彰显城市的荣耀。罗马时期征战胜利了要建凯旋门或记功柱,记载帝王的功德,这是突出个人作用的专制意识的体现。而比萨人胜利了却要建大教堂,一方面是宗教影响力在起作用,另一方面是在自治的制度下人们不刻意突出个人作用。就如希腊人战胜波斯人后建帕特农神庙而不是去建立军事领导人的凯旋门、功德柱一样。

比萨大教堂是一组建筑群,包括主教堂、洗礼堂、钟楼和墓园,前后用了近 300 年的时间建设。这组建筑不仅是中世纪建筑的经典之作和罗马风建筑的代表作，也是教堂建筑中最美的建筑，甚至连工程的失误都成了奇特的景观。比萨斜塔因错误而享誉世界，这是比萨人没有料到的。

主教堂（1063—1092年）是拉丁十字式的，全长95米，4排柱子，有4条侧廊。中厅屋顶用木桁架，侧廊用十字拱。正立面暴露山墙两坡，高约32米，有4层空劵廊作装饰，是意大利罗曼风格的典型手法。大门右边的墙上安放着建筑师的石棺。钟塔（1174年）在主教堂圣坛东南20多米，圆形，直径大约16米，高55米，分为8层。中间6层围着罗曼式的空劵廊，底层只在墙上作浮雕式的连续劵，顶上1层收缩，是结束部，楼梯藏在厚厚的墙砌体里。它在建造时便有倾斜，工匠们曾企图用砌体本身矫正，但没有成功。

比萨主教堂前面大约60米处是洗礼堂，也是圆形的，比萨大教堂的洗礼堂比主教堂晚建约1个世纪，是1153年至1265年间建造的，比萨人决心建造世界上最大的洗礼堂。洗礼是基督教徒入教的重要仪式，既意味着洗去过去的罪过，也意味着对上帝的一种承诺。洗礼堂直径39米，总高54米。洗礼堂建设时，哥特式建筑已开始兴起，比萨人也赶时髦，二层拱劵柱廊上部的尖拱装饰，就运用了哥特式建筑的语汇。立面分3层，上两层围着空劵廊。后来经过改造，添加了一些哥特式的细部，顶子套上一个用木构架造成的穹窿。教堂外墙的首层是罗马风格的附墙柱与拱券,正面首层之上是 4 层由短柱支撑的连续拱廊,墙身后退,使得原本高大厚重的墙体变得轻盈起来,这符合海边人的浪漫情趣。建筑外墙大理石用彩饰条分割,明暗交替,生动活泼。从细部看彩色大理石的镶嵌,极其精致完美,可以看出中世纪比萨人精湛的施工工艺。柱廊装饰的外立面非常华美。塔的内部有通达塔顶的旋转楼梯,共 294 级。

比萨斜塔是教堂的钟楼,在 1174 年动工兴建。斜塔直径 16 米,高 54.5 米,底部的墙体厚达 4 米,上半部墙体也厚达 2 米。全部用大理石砌筑,塔身的重量达 1.4 万吨。塔的外墙与主教堂主立面一样,是拱券柱廊,斜塔一共 8 层,有 213 个拱券。斜塔在 1185 年建造第三层时发生了地基不均匀沉降,被迫停工,这一停就是 100 多年。1275 年又开始续建。由于倾斜问题始终没有解决,建建停停,停停建建,直到 1350 年才完工。斜塔刚竣工时顶部偏离竖轴线就达到了 2.1 米,600 多年后的今天,已经偏离了 4.4 米,倾斜角度 3.99 度。

钟楼本来是教堂建筑的附属建筑,由于斜而不倒反倒成了一个奇观,许多游客到比萨就是奔着斜塔去的。1590 年,伽利略在斜塔上做了自由落体实验,两个重量不同的铁球从塔顶落下同时着地,由此推翻了亚里士多德不同重量物体落地速度不同的结论。伽利略向人们证明了权威的结论不等于科学。比萨大教堂还有一处墓园,这也是很有特点的建筑,附墙的壁柱和拱券铺展着优雅的韵律。静穆，却不悲观；简洁，却不简单。

这一组建筑群摆脱了主教堂位于城市中心的常例，而造在城市的西北角，紧靠城墙和墙根的公墓墓堂，大致连成一线，以完整的侧面朝向城市。3座建筑物的形体各异，对比很强，形成丰富的变化。但它们的构图母题一致，都是用空券廊装饰，风格统一，从城市这边望去，又被城墙和公墓联系起来，形成和谐的整体。空券廊造成的强烈的光影和虚实对比，使建筑物显得很轻快爽朗。3座建筑物都是由白色和暗红色大理石相间砌成，衬着碧绿的草地，色彩十分明亮。草地上点缀着一些不大的白色儿童雕像，更显得亲切生动。它们既不追求神秘的宗教气氛，也不追求威严的震慑力量，作为城市战胜强敌的历史纪念物，它们是端庄的、和谐的、宁静的。

比萨大教堂建筑群以罗马的建筑语汇为主，运用了柱式、拱券、巴西利卡和穹顶等，但又借鉴了拜占庭和伊斯兰的装饰艺术，局部还运用了哥特式建筑要素，其外表面的白色大理石装饰在大型建筑上也独具特色，这是一组融合了东西方建筑艺术、汇聚了多种建筑语言的伟大的建筑。比萨教堂建筑群被誉为罗马风建筑的典型代表，但它与我们在德国看到的罗马风建筑差异是相当大的，由此也可以看出所谓的罗马风实际上是多样化的风格。

15. 世界上古老城堡的典范

——捷克布拉格城堡

布拉格是捷克的首都,是全世界第一个整座城市被指定为世界文化遗产的城市,在这本"建筑教科书"中,最突出的是布拉格城堡。它是世界上面积最大的城堡,距今已有1 000多年的历史。

布拉格城堡内共有3个庭院,由圣维特教堂和大小宫殿组成,占地45公顷。旧皇宫是以往波希米亚国王的住所,历任在位者对不同部分进行修缮。整个皇宫建筑大致分为3层,大多数的房间在1541年的大火中受到毁坏,因此部分是后来重建的遗迹。王宫中以文艺复兴时代建的晚期哥特式加冕大厅、安娜女皇娱乐厅、西班牙大厅最有名。加冕大厅建于1487—1500年,长62米,宽16米,高13米。过去国王曾在此举行加冕礼,今天在此举行共和国总统的选举仪式。西班牙大厅在北楼之内,装饰金碧辉煌,是举行盛大宴会和总统接见贵宾的地方。

圣维特大教堂是布拉格城堡最重要的地标,也是整个城堡中最古老的部分,高97米,两座尖塔直指向天空,几乎就是整个捷克的灵魂。教堂建了将近700年,除了丰富的建筑特色外，也是布拉格城堡王室加冕与辞世后的长眠之所。不同时代统治过布拉格的王室——文塞斯拉斯一世、查理四世、费迪南一世，死后全都葬在了这里。1344年查理四世下令建造目前的哥特式建筑，但工程浩大，前后几代设计师都没有看到它的最后的完成。于是，在那以后，每个时代的建筑师又把那个时代最流行的建筑风格自然地融入其中，于1929年最终完成。

圣维特大教堂的几个亮点包括彩色玻璃窗、圣约翰之墓和圣文塞斯拉斯礼拜堂。走进教堂入口，左侧色彩鲜丽的彩色玻璃就是布拉格著名画家穆哈的作品，向上延伸的弧形在顶部交会，光线透过彩色玻璃照进来，照亮了玻璃上的圣母，也照亮了教徒向上帝敞开的那扇心门，恍惚间都有一种窥见天光的感动，彩色玻璃窗为这个千年历史的教堂增添不少现代感。绕过圣坛后方，纯银打造、装饰华丽的是圣约翰之墓。圣约翰是1736年的反宗教改革者，因此葬在圣维特大教堂中，并以纯银华丽的装饰作为纪念。继续往前就是圣文塞斯拉斯礼拜堂，相较于前面纯银的圣约翰之墓，圣文塞斯拉斯礼拜堂呈现出金碧辉煌的光彩，从壁画到尖塔都有金彩装饰，相当具有艺术价值。从外观来看，哥特式的圣维特大教堂有许多经典建筑特色，例如大门上的拱柱和飞扶壁，都装饰得相当华丽。

圣维特大教堂后方有双塔的红色教堂就是圣乔治教堂。圣乔治教堂是捷克保存最好的仿罗马式建筑，公元

920年完成后扩大修建多次，最近一次是在19世纪末20世纪初，教堂的基石和两个尖塔从10世纪一直保存至今。

一旁的圣乔治女修道院是波西米亚第一个女修道院，曾在18世纪被拆除改建为军营，现在为国家艺廊，展品以16—18世纪绘画为主，包括了意大利、德国、荷兰等各国艺术家作品，共有4 000余幅，包括哥特艺术、文艺复兴和巴洛克等不同时期的绘画作品。布拉格城堡画廊新近重新整建完毕。

黄金巷是布拉格古堡最著名的景点之一，黄金巷在布拉格城堡内的圣乔治大教堂和玩具博物馆之间。100多年前卡夫卡不堪忍受旧城区的嘈杂，搬进了黄金巷的22号，一座水蓝色的房子就此成了他隐身写作的地方。而今时今日，隐居所成了一间小书店，游人循着他的足迹而来，这原来清寂的巷子再也不是写作的好地方了。16世纪的罗马帝国时期，众多冶金师在此定居，于是窄窄的石砖路就此被称为"黄金巷"。由旧城道进东门，跨一条斜斜的坡道，过了玩具博物馆不远，向右一拐，就看到了五颜六色的房舍并排而立，宛如童话故事里的小巧房舍，这里是集中出售手工艺品和艺术品的商业街，它也是布拉格最具诗情画意的街道。在这里，歌德作品里写的场景重新浮现，你能看到中世纪时星象学、炼金术、占卜术、养生术大显神通的那些古老印记。

饱经战乱和侵略的城堡，一直是捷克的政治和文化中心、国家最高权力所在地。"二战"以来的 60 多年里，无论是先前的捷克和斯洛伐克，还是现在的捷克共和国，历届总统都在这里办公，所以又被称为"总统府"。作家出身的哈维尔于 1993 年 1 月 26 日当选为捷克共和国第一任总统，他就职后在演说中许诺，"任何人、任何时候"都可以到总统府找他。为了表明自己的诚信，他下令只要人在城堡，广场上就要飘扬着捷克国旗；反之，则说明总统出访或者参与重大活动去了。这项不成文的规定一直持续到现在——只要看一眼广场的旗杆就知道总统是否在家。

1992 年被联合国命名为世界文化遗产的布拉格城堡，远远望去，乳黄色的楼房、铁灰色的教堂、淡绿色的钟楼、白色的尖顶，历经 1 000 多年风雨，如今它已经是世界上古老城堡的典范，不仅代表了古代欧洲建筑艺术的巅峰，更以其丰富的历史内涵为世人瞩目。

16. 欧洲建筑史上划时代的标志

——法国巴黎圣母院

巴黎圣母院也称"巴黎圣母大堂",巴黎圣母院始建于 1163 年,由教皇亚历山大三世和法王路易七世奠基,工程持续时间长达 182 年,直到 1345 年方告落成。它位于横贯首都巴黎的塞纳河中的西岱岛上,位置是全城的核心。此后,巴黎圣母院经历了各种磨难和战乱的破坏,已经破烂不堪,直到 1844 年进行了大规模的修复后,巴黎圣母院才又展现出动人的容颜。雨果的小说《巴黎圣母院》及根据小说拍的电影使本来就出名的巴黎圣母院更是成了全世界家喻户晓的教堂。

巴黎圣母院是法国哥特式建筑的典型代表。哥特式是建筑史上的一个著名建筑类型。它在 11 世纪后期起源于法国,以后影响扩展到整个欧洲,并在 12 世纪至 15 世纪盛行一时,发展成为中古时期西欧最大的建筑体系。它的特点是建筑物的外观和内部空间都追求高耸开阔的效果,这和当时的时代发展密切相关。12 世纪,欧洲宗教逐渐发展到鼎盛,到处充盈着浓郁的宗教气氛,虔诚的人们迫切希望和神更为接近。于是,一种高耸入云的哥特式建筑应运而生。哥特的称谓来自被古罗马人蔑视为蛮族的日耳曼人，哥特是他们其中的一支。因为文艺复兴时期的艺术家不喜欢这种背离古典模式、看起来怪异的建筑，就以带有贬义的蛮族的名称来命名。但如今这种建筑形式的艺术价值已经得到了世人的认可，并被公认为中世纪艺术的最高成就，哥特自然也就失去了其原来的贬损意义。

　　巴黎圣母院的正立面结构非常严谨。双塔没有塔尖，不过，没有塔尖一点也不影响巴黎圣母院的魅力。被纵向垂立的壁柱平均分隔为 3 大块，左右两块上方各有一塔对峙。最下面有 3 个内凹拱形的门洞，上面是取材于圣经故事的浮雕。左面的圣母门最为精美，雕刻着圣母玛利亚的形象和经历，拱门以树叶、花朵和水果形状为饰条，优雅清新。中央的大门是末日审判的内容，一边是升入天堂的灵魂，一边是沉于地狱的罪人。右边则是圣安娜门，这个门原来是为正门设计的，后来正门被拓宽，才被移到这里充当偏拱门。上面刻有圣母玛利亚和圣婴的雕像,他们被丰满的小天使环绕在中间,神情安详宁静。教堂的缔造者莫里斯主教和年轻的法国国王路易七世的雕像也在上面,他们正虔诚地将教堂奉献给童贞圣母。框缘上的浮雕表现的是圣母的生平和她父母的生平,拱门上再次重现天堂的美景。3 个门洞上方是长长的横贯墙面、雕刻着齿形飞檐浪花浮雕的神龛,里面陈列着基督先人、以色列和犹太国国王的 28 尊雕塑,被称为"国王长廊"。雕像的神态生动逼真,具有很高的历史价值。但在 1793 年的法国大革命中,愤怒的巴黎人民将它们误认成深恶痛绝的法国国王的形象而将它们捣毁。后来,雕像又被复原并放回原位。"国王长廊"上面为中心部分,两侧各为两个巨大的石质中棂窗子,中间则是一个玫瑰花形的大圆窗。窗子建于 1220—1225 年,直径约为10 米。中央供奉着圣母、圣婴的塑像,两边立着天使的塑像以及亚当和夏娃的塑像。再往上是一条走廊,围着美丽的白色雕花栏杆,连接着南北两座高达 69 米的巨型钟楼。南钟楼上悬挂着一座重达 13 吨的巨钟。传说,这就是雨果小说里那口著名的卡西莫多的大钟。17 世纪铸造这口钟时,工匠在原料里加入了黄金、宝石等许多巴黎妇女为表达虔诚之心而奉献出的首饰,因此敲起来声音格外清脆响亮。北钟楼则设有一个 387 级的阶梯。两座钟楼后面有座高达 90 米的尖塔,巍峨入云,塔顶是一个细长的十字架,远望似与天穹相接。据说,耶稣受刑时所用的十字架及其冠冕就在十字架下面的球内封存着。这座尖塔虽比两座钟楼还高出 21 米，但从正面看，高低却好像一样，从中可见建筑师的独具匠心。整个建筑象征着基督教的神秘，给人以庄严肃穆、神秘莫测之感。

巴黎圣母院宽敞的大厅长 130 米，宽 50 米，高 35 米，可以容纳 9 000 人。室内大圆柱的直径达 5 米。想想当年拿破仑与教皇在这里为权势的明争暗斗，有些亵渎了这美轮美奂的大厅。祭坛中央供奉着被天使与圣女簇拥的遇难后的基督耶稣的雕像。厅内的大管风琴也很有名，共有 6 000 根音管，音色浑厚响亮，特别适合演奏圣歌和悲壮的乐曲。在殿堂的回廊、墙壁和门窗上都布满了描绘圣经内容的绘画与雕塑作品，在正殿的两侧还设有众多的小礼拜堂，都精美雅致。

巴黎圣母院内外充斥的雕像不仅仅有着装饰性，更有着教化功能。它们表现了宗教故事和圣像圣灵，起到的是"无字圣经"的效果，向当时占绝大多数的目不识丁的百姓传播教会的教条。这种表现手段得到了教会的大力支持，也是造型艺术忽然间再度繁荣的根本原因。

相对于夏特尔主教堂，巴黎圣母院的哥特式风格更加纯粹，圆拱元素已经消失，在所有可能的细部都采用了尖塔或尖拱，虽然没巨大的钟楼尖顶，但是在包括扶垛顶端的立面外缘顶部位置上都设置了小型棘矛状尖塔，直刺天空。外围的扶拱垛系统也更加完整周全，扶拱垛不但纵向上有两层，而且在横向上有两重，递次架在两道侧厅上面。尤其是在后殿部分,扶拱垛系统脱离了对墙面的最后依附,完全成为独立结构,此间建构层次繁复、勾连错落,处处皆是凌空飞跨的优美曲线,造就了非常精美的复合效果。这种景观最集中地体现了哥特式建筑的结构力学特征,因为支撑构架基本都分布在外部,建筑的墙壁其实就像薄薄的一层牛皮纸,基本没有负重的功能,而那些巨大的窗户更是无法去指望其承重的。哥特式教堂就像是一只巨大的外星昆虫,其丰满躯体是由其远远地撑在身外的许多纤细长腿优雅地承担着的。

巴黎圣母院在历史上经历过多次天灾人祸的破坏,地震、火灾、战争,还有革命。法国大革命时革命群众差点把巴黎圣母院拆了,他们误认为国王廊的 28 个犹太国王塑像是他们所痛恨的历代法国国王的塑像,把它们全捣毁了,现在我们看到的塑像是后来重新雕塑的。1793年,法国大革命的左派领袖罗伯斯庇尔在圣母院里供起了"理性女神",这是他倡导的一种信仰,只是这个信仰理性的革命家在执掌权力后却丧失了理性。为了巩固权力,他对反对自己或疑似反对自己的人实行了血腥的专政,杀了很多人,最终他自己也被送上断头台。巴黎圣母院最辉煌的事件是 1804 年拿破仑一世在这里加冕皇帝,罗马教皇庇护七世前所未有地破例从罗马赶来为拿破仑加冕,要知道以前的皇帝要加冕都是自己去罗马的。庇护七世教皇给足了拿破仑面子,可拿破仑却在加冕仪式上轻蔑地戏弄了教皇,他给自己戴上了皇冠。

巴黎圣母院是欧洲建筑史上一个划时代的标志，是世界建筑史上无与伦比的杰作。如同雨果在小说里的描绘："这上下重叠为雄伟壮观的六层，构成了一个和谐宏伟的整体——这一切，既是先后地，又是同时地拥挤着，但丝毫不紊乱地尽情地展现在你的眼前，连同无数浮雕、雕像和细部装饰，强劲地结合为肃穆安详的整体，简直是一曲石制的波澜壮阔的交响乐。这是人类和一个民族的卓越作品，它的和谐整体既复杂又毫不缺乏统一……它的每一块石头上都呈现着艺术家们的天才奇想和工匠们的娴熟技能。"

17. 最神圣的地方

——耶路撒冷圣墓大教堂

耶路撒冷的圣墓大教堂对于基督教徒、犹太教徒和穆斯林来说，都同样是神圣的地方。马太福音里有这样一个故事："到了晚上，有一个财主，名叫约瑟，是亚利马太来的，他也是耶稣的门徒。这人去见彼拉多，求耶稣的身体，彼拉多就吩咐给他。约瑟取了身体，用干净细麻布裹好，安放在自己的新坟墓里，就是他凿在磐石里的，他又把大石头滚到墓门口，就去了。"

基督被判决、受刑罚，最终被带往耶路撒冷处以死刑。耶路撒冷自从被大卫王攻下之后，就是犹太人定都的地方。这里也是亚伯拉罕把自己的儿子以撒献给耶和华的地方，是所罗门王建造圣殿的地方。今天，这里是以色列政府所在地，笼罩在与巴勒斯坦冲突不断的苦难气氛里。巴勒斯坦人对这座位居犹太山地中央的城市也有宗教上的诉求。从传统上看来，这里也曾是先知穆罕默德死后升天的地方。耶路撒冷旧城圣殿山上的圣石庙是继麦加圣堂之后，被穆斯林人认为是最神圣的地方。

耶路撒冷旧城被分为 4 个不同的宗教区域：犹太区、

娅美尼亚天主教区、穆斯林区和基督教区。基督教区位于旧城西北部,圣墓大教堂就坐落在这一区域里的耶稣墓上,那是背负十字架的苦难历程的终点,耶稣在这里结束了他的尘世生活。亚利马太的约瑟的花园与坟墓长期以来受到朝圣者的崇拜。在西门·巴尔·科赫巴领导的起义失败以后,获胜的罗马人将这座基督教徒的圣城夷为平地,并在原来耶稣的基础上建起一座维纳斯神庙。君士坦丁大帝第一次在此地修造教堂,异教徒的神庙被清理掉,腾出空间来竖起圆柱上的穹顶,并附有敞开的庭院和拥有唱诗席的大教堂。

这一名为"耶稣复活"的建筑物完工于公元335年,它屹立了将近3个世纪,直到公元614年被波斯人摧毁。后来经历重建,然而在1009年包括圣墓都被征服耶路撒冷的哈里发哈基姆拆毁了。1149年一座全新的大教堂建立起来,从耶路撒冷经历第一次十字军东征到征战完结,前后有半个世纪之久。这座教堂现在处于各各他山的环抱里,那里是耶稣受难地。教堂正面和钟楼得以保存下来,但是有所改变和增补,现在仍在建设中。耶稣墓上新巴洛克式的圣坛是在1808年大火后建起来的。天主礼拜堂的内部则完工于1937年。

今天圣墓大教堂由6个基督教团体共同管理,身着各式袍服的神职人员威严地在熙熙攘攘的朝圣者中走动。教堂里设有亚美尼亚和科普特礼拜堂,有一个希腊式唱诗席,还有一些天主教建筑部分。

圣墓大教堂的正中位置、圆形大厅的中央，就是救世主的坟墓，紧邻的是天使礼拜堂。根据福音的记载，包括圣母在内的哀悼的女人们在耶稣坟墓里，被天使告知耶稣终将死而复生。为了证实，天使还特地挪开墓前的石头，瞧！墓穴是空的。被耶路撒冷旧城中的其他建筑环绕的圣墓大教堂呈现出不同的建筑风格，人们用令人目眩的众多样式与方法来表达崇敬之心。这座建立在不完全规整的平地上的大教堂有一个庞大的建筑群与之相配，圆形大厅上方的圆顶和塔楼同样引人注目。在塔楼和教堂正面仍可见到原来鼎盛时期罗马风格教堂的遗迹。

在这座大教堂里还有领导了第一次十字军东征的法国贵族布容的戈弗雷之墓和亚利马太的约瑟之墓。十八级台阶通往基督受难之地各各他（也可称作髑髅地），这是耶稣背负十字架到达的第七站，他被钉在十字架上的位置就是现在的天主礼拜堂。与之毗邻的希腊正教礼拜堂是苦伤道第十二站的所在地，耶稣的十字架就竖在那里，救世主就死在那里。用马太的话来说："耶稣又大声喊叫，气就断了。"

18. 东方建筑的奇迹

——柬埔寨的吴哥窟

吴哥窟又称吴哥寺,是柬埔寨古迹中保存最完好的庙宇。吴哥窟位于柬埔寨北部暹粒省境内,距首都金边约 240 千米,以建筑宏伟与浮雕细致闻名于世。占地约 208 公顷的吴哥窟是世界上最大的宗教建筑物,与其他世界奇观如泰姬陵或金字塔等齐名。1992 年,联合国将吴哥古迹列入世界文化遗产。吴哥窟的造型,已经成为柬埔寨国家的标志,展现在柬埔寨的国旗上,是柬埔寨人最大的骄傲。

吴哥一般分为大吴哥和小吴哥。吴哥窟是吴哥遗址中的重要建筑,又称"吴哥寺""小吴哥",是吴哥地区的印度教毗湿奴神庙,它是柬埔寨的三大圣庙之一,也是创建者耶跋摩二世的陵墓,是吴哥建筑的精华部分。它位于吴哥城的南郊,寺庙西向,围有宽 190 米、总长 5 600 米的壕沟,壕沟以内有石砌的外、内围墙各一道,全部建筑均以砂岩石重叠砌成,用了 30 多年时间才建造而成。

吴哥窟包括 10 多个古老建筑物以及几十组次要的遗迹。基地广阔,平面设计如汉字的两个"回"字相套,长

800～1 000米，总面积在4万平方米以上。前面有一条中央大道，大道两旁是用石头堆砌成的七头蛇栏杆，是大建筑物前一种威武庄严的象征和装饰，类似中国的华表。

吴哥窟是高棉建筑中最高级的成就，也是最好的庙宇。它结合了高棉寺庙建筑学的两个基本的布局：祭坛和回廊。入塔门后，必须先经过一条跨越护城河的石砌长道。吴哥窟的190米宽的护城河，如一道屏障，阻挡森林的围困，因此吴哥窟比其他吴哥古迹保存得更完整。河两侧各有一条七头蛇作为护栏，该蛇形图绘象征着生生不息的力量。穿过塔门步入内过道，映入眼帘的是出水莲花似的5座圣塔，过道两边各有一方水池，点缀着圣塔莲花蓓蕾般的倒影，注视着前方的花蕾。再通过近500米的山道，才能抵达祭坛（中央神殿）。中心建筑由3层长方形有回廊环绕的须弥台组成。一层比一层高，中心塔由第三层向上伸展达31米，距地面55米，是整体建筑的综合点，象征印度神话中位于世界中心的须弥山。在祭坛顶部矗立着按梅花式排列的5座宝塔，象征须弥山的5座山峰，是印度教诸神的居所，也是整个宇宙的中心。柬埔寨王国国旗上的三塔徽记就是这5座宝塔的正面图案，只因其余两座宝塔被遮挡住，看上去便成了三塔。

全寺的构造规模庞大、比例匀称、精致庄严，整个寺庙建筑的布局，以宽广的庭院与紧凑的建筑物相结合的方式，形成对比，烘托出中心圣塔的高大、宏伟气势。不论寺塔、屋顶、回廊、门窗、墙壁、殿柱、石阶均雕刻精美，装饰精致，达到了建筑艺术登峰造极的水平。雕刻的主题有印度两大史诗《罗摩衍那》和《摩诃婆罗多》、地狱变相图、毗湿奴与恶魔或天神交战图以及当时国王和人民生活的题材，人物生动、形象逼真、上下叠置、精美绝伦，表现了高棉能工巧匠的卓越艺术天才，是高棉雕刻艺术中不可多得的精品。

吴哥城也称"大吴哥"，意思是"大王城"，距吴哥窟约4千米，是真腊王国国都的遗址。大吴哥一般是吴哥城及其外围的寺庙，包括巴戎寺、迈布笼神庙、圣剑寺、斗象台、蟠龙水池等。王城为四方形，城墙全部用巨石砌成，全长5千米，厚约3.8米，城墙四周环绕着一条又宽又深的护城河。王城有5座门，各边的中央各有1个门，东门的北侧又另开1个胜利之门。门高约20米，各门为颇具特征的人面塔楼门，城门顶上都矗立着一尊佛像，中央的一尊还贴以金箔。每座城门外都有一座15米宽的大桥，桥的两侧各有27尊四面湿婆神像。神像的高度约达3米，面部呈半斜方形，容貌表情完全一致，显露出神秘的微笑，虽经多年风雨剥蚀，仍很完整。石雕神像跪坐着，手持巨蟒，蟒身便是桥栏。

在吴哥古城中的浮雕最长的为800米，它就是围绕于主殿的第一层台基的回廊上面雕刻的，而在高度为两米多的墙面上，大多雕刻了满满的浮雕。主殿东墙壁上的浮雕是搅乳海图，而东墙壁上的浮雕则是讲述的毗湿奴与天魔之间的交战图,主殿西墙壁上的浮雕讲述的内容是猴神助罗摩作战图等,这些墙壁上的浮雕内容大多与神话故事相关。除此之外,在墙壁之上的浮雕还有一些讲述的是苏利耶跋摩二世骑着大象的出征图。

除了主殿墙壁中的精美浮雕之外,在神庙之中还有着大量的精美细腻的雕刻画,这些雕刻画不是被雕刻在柱子之上,就是被雕刻在墙角。这些雕刻更加充分融合了人文与呼天抢地的交错之美。可以这样说,吴哥古城的浮雕、雕刻艺术可谓达到了极高的境界,是很多古代建筑都无法比拟的。正因为如此,吴哥古城又创造出世界另一建筑奇迹。

除大吴哥、小吴哥及三个王都中心外,女王宫和空中宫殿也是吴哥古迹中著名的景点。空中宫殿是一座全石结构建筑,据说建于 11 世纪。宫殿建在一座高 12 米的高台上,呈金字塔形,分 3 层。台中心建有一塔,塔上涂金,光芒四射。高台四周有石砌回廊环绕。由于台高,给人一种悬在空中的感觉,因而得名。而远离尘世的女王宫是吴哥窟最古老、最美丽、最具有印度风格的建筑,它精致如丝的雕刻被最早发现它的法国人称为是柬埔寨人的瑰丽珠宝,在 1 000 多年之后似乎依然有着古老的魔幻力量。

吴哥建筑群是世界建筑史上的瑰宝,见证了柬埔寨文化最辉煌时期的历史。它不仅在浮雕艺术和建筑等方面,甚至在水利方面也反映了高超的水平,也因此为后人留下了不解之谜，甚至民间传闻吴哥窟是由上帝所建造的。英国外交家迈克唐纳说："就吴哥窟而言，它是法国巴黎圣母院和查特雷斯大教堂以及英国的埃利和林肯大教堂同时代的产物，只是吴哥窟建造在亚洲。然而在宽敞和华丽方面，吴哥窟更胜一筹。"英国的作家威廉姆斯写道："面对吴哥遗址，最庄严的中世纪欧洲建筑也显得有些逊色了。这个建筑上的杰作被丛林掩盖了300多年，当这些雄伟的建筑重见阳光的时候，我欣赏它，简直为它着迷。"今天，热带雨林丛中参天的无花果树、木棉树与佛塔建筑融为一体。穿梭其间，仿佛是穿越过时光隧道倒转回千年前的神秘世界。

19. 古代桥梁建筑技术的杰作

——中国北京的卢沟桥

　　卢沟桥是我国北方最大的古代石桥,是金章宗完颜璟建造的。卢沟桥因横跨卢沟河(永定河)而得名。永定河,古称澡水,隋代称桑干河,金代称卢沟。宋代著名诗人苏辙就有《奉使契丹二十八首渡桑干》诗:"北渡桑干冰欲结,心畏穹庐三尺雪。南渡桑干风始和,冰开易水应生波。"因为河水混浊,卢沟又被称作小黄河、黑水河。根据记载:"盖桑干下流为卢沟,以其浊故呼浑河,以其黑故呼卢沟。燕人以黑为卢,水本一也。"也有说法是,卢沟源出山西马邑县北的雷山,至北京西郊流经卢师山之西,因此得名卢沟。因此河经常泛滥,河道迁移不定,又有称作无定河的。康熙三十七年(1698年),康熙帝命巡抚于成龙等把卢沟河大加疏浚并筑长堤防水,于是改名"永定河",卢沟之名遂废。

　　虽然没有任何碑文记载其刚建成时的状况,但从许多游人和文学家在他们经过此桥时写下的赞美诗文中,约略可以看出早期卢沟桥的面貌。元代文学家张野过卢沟桥时在《满江红》词中写道:"凡几度、马蹄平踏,卧虹千尺。"元代卢亘《行卢沟之南书所见》诗写道:"万里南来太行远,苍龙北峙飞云低。"他们以"卧虹千尺""苍龙北峙飞云低"等词句描写了石桥的雄姿。

"桥长三百步,宽逾八步,十骑可并行于上。下有桥拱二十四个,桥墩二十五个,建筑甚佳,纯用极美之大理石为之。桥两旁皆有大理石栏,又有柱。狮腰承之,柱顶别有一狮,此种石狮甚巨丽,雕刻甚精。每隔一步有一石柱,其状皆同。两柱之间建灰色大理石栏,保护行人不致落水。桥两面皆如此,颇壮观也。"马可·波罗过此桥时,相距金代建成此桥不过百年。如此坚固的石桥,百年左右当不会有多大变化,因此所描述的应当还是最初的形状。

刺木学本《马可·波罗游记》的增订文又对其进行了补充:"……桥两旁各有一美丽栏杆,用大理石板及石柱结合,布置奇佳,登桥时桥路较桥顶为宽。两栏整齐,与

用墨线规划者无异。桥口（两方）初有一柱甚高大，石龟承之，柱上下皆有一石狮。上桥又别见一美柱，亦有石狮，与前柱距离一步有半。此两柱间以大理石板为栏，雕刻种种形状。石板两头嵌以石柱，全桥如此。此种石柱相距一步有半，柱上亦有石狮。既有此种石栏，行人颇难落水。此诚壮观，自入桥至出桥皆然。"

从明代永乐十年（1412 年）至嘉靖三十四年（1555年），卢沟桥重修过 6 次，清代时又重建了 7 次。尤其是清康熙年间卢沟桥毁于洪水后，康熙皇帝于三十七年（1698 年）不仅修复了石桥，而且疏浚河道，整修河堤，进行了大规模的重建。也就是这次重建后，这条不羁的无定河"卢沟"也被正式定名为"永定河"。

自金代建造后经过多次修缮，现在所见的卢沟桥，早已不是 800 多年前金代的那座了。所以也有人说，如今所见的卢沟桥其实是一座明清古桥。如今的卢沟桥全长266.5 米、宽 9.3 米，有 10 座桥墩、11 个桥孔。其桥墩呈船形，迎水面砌成楔形的分水尖，长约 4.5～5.2 米不等。分水尖上还安有三角铁柱，用以迎击流水、冰凌，保护桥墩，俗称"斩龙剑"。桥面上中央是一条凹凸不平、压着深深车辙印的石板路，两侧则是石雕护栏，各间隔着 140 根望柱，每根望柱上各立着一只大小不等或蹲或卧或起或伏的石狮子，古朴沧桑，美轮美奂，充满了历史的气息。

与《马可·波罗游记》对比来看，当时的卢沟桥位置在"出汗八里骑行十英里"，也就是出了元皇城约 15 千米的地方,正与今天卢沟桥同北京的距离相合。当时卢沟桥大部分的形状与今天的桥的形状是相符合的,桥的长度为三百步、宽八步,与今天实测值亦相近,其余栏杆、石狮的形状也相似。只有桥拱的数目不一致,这可能是后来追记,或其他原因致误的。

卢沟桥以"卢沟晓月"的诗情画意而闻名。"卢沟晓月"据说出自金章宗完颜璟,传说卢沟桥建成后,他上桥巡视时驻足远眺,御笔写下了这四个字。如今,卢沟桥桥东的碑亭内还竖立着清乾隆皇帝御书的"卢沟晓月"汉白玉石碑。石碑高4.52米、宽1.27米、厚0.84米,其碑首为双龙脊顶,须弥座上雕刻着二龙戏珠的图案,下方刻着圭脚。乾隆皇帝御书"卢沟晓月"立碑的那一年,还写了一首颇为知名的《卢沟晓月》诗。诗云:"茅店寒鸡咿喔鸣,曙光斜汉欲参横。半钩留照三秋淡,一蝀分波夹镜明。入定衲僧心共印,怀程客子影犹惊。迩来每踏沟西道,触景那忘黯尔情。"

传说"卢沟晓月"的场景很难见到。只有农历月尽头,也就是古代所说的晦日,天快晓时,"五更鸡唱,斜月西沉",站立桥头,方能得见。皇帝是否有在卢沟桥观月的经历,我们不得而知。但用"晓月"陪衬卢沟桥,的确犹如画龙点睛,成就了这座古桥的传世之笔——望月思故乡。卢沟桥作为南方各省进京的必经之路,想必也成为进京赶考的秀才和告老还乡的官员出入京城、洒泪送别的最后一站。金代流传着这样一首卢沟桥诗:"河分桥柱如瓜蔓,路入都门似犬牙。落日卢沟桥上柳,送人几度出京华。"怀想这样的场景,卢沟桥与晓月的意境也就更为鲜明了。

另外,在桥头博物馆里还陈列着一幅元代的《卢沟运筏图》,生动描绘了当时卢沟桥桥头茶肆酒馆、商家旅店的繁华,以及行人策马驱车、步行担担、风尘仆仆的景象。据记载,元代时卢沟桥畔有符氏雅集亭,蒲道源的《辛斋诗话》中有一首诗:"卢沟石桥天下雄,正当京师往来冲。符家介侧敞亭构,对坐奇趣供醇酿。"翌日凌晨,鸡鸣三遍,留宿的行人一觉醒来,洗漱登程,行至桥头,抬头望去,便是这"卢沟晓月"的绮丽景致,说的正是流落桥头酒家食肆、抬头观赏卢沟晓月的情景。

卢沟桥是中国古代桥梁建设技术高度发达的实物体现,也是古代建筑风格和文化的一种传承和保留,为现代学者研究古代建筑以及历史文化提供了有价值的帮助。作为神圣的中国人民抗日战争爆发地点,它是那段历史的直接见证者,见证了中华民族刻骨铭心、不屈不挠的战斗,是当代爱国主义的教育基地。

20. 梦幻般的艺术宫殿

—— 西班牙阿尔罕布拉宫

阿尔罕布拉宫位于西班牙格拉纳达城东的山丘上，它的名称来自阿拉伯语，意思是"红色的城堡"。它原本是摩尔人为军事目的兴建的，不过却成了集堡垒、王宫和城镇于一身的要塞。它兴建于 13 世纪，从 18 世纪开始逐渐被荒废，成为罪犯和小偷们的聚集场所。拿破仑的军队曾将这里当作军营，撤退时炸毁了碉堡，仅遗留了两座塔。一直到 1870 年，这里才被西班牙政府宣布为纪念建筑，而后在许多人的努力与不断地修复下，阿尔罕布拉宫才复现了昔日的美丽，让今天的世人可以欣赏这座美轮美奂的伊斯兰建筑。阿尔罕布拉宫坐落在东西长 700 米、南北宽 200 米的阿莎比卡小山丘上。2 000 米长的红色黏土墙环围四周，因此，这座宫城也被称为"红堡"。城堡有 5 座坚固的大门，两侧矗立着高大的塔楼。城堡内按用途不同分为卫队区、清真寺区和王宫等区域。

这里的建筑体现的理念和思想与今天的观念形成了鲜明的对比。从它的外表看起来像是一座要塞，事实上，这座宫城也是一座具有 23 个塔台的防御堡垒。如果说它的外立面和结构布局显示了某种粗糙,那么,其内部装饰的精丽和雅致,则会使人怀疑摩尔人是在把建造这座宫殿作为营造天堂的一次尝试。粗糙和富丽的迅速切换,常常使人措手不及,这里的一切像梦境一样,所以,人们以自己的感受来为这座城堡命名,形象地称之为"梦幻洞穴"。

独具特色的拱顶有一种奇幻和惊险的味道,悬吊木框下的色彩缤纷的蜂窝形结构由柱子支撑着,铭刻的诗句讲述着星辰和天体的知识。这里的大使厅以其雕刻有星状彩色天花板和拱形窗户而著称,它是王宫人员接待外国使节和举行宫廷礼仪的地方。四面墙壁布满金银丝镶嵌而成的几何图案,色彩富丽华美,是其他建筑装饰无法超越的。

在整个设计中,建筑师将水和光作为主体部分。院落之间建有石砌水道,它们通向各个宫院的水池和院落中的厅堂、内室。盛夏时节从水道中引来的清冽泉水流经各处,给燥热的心情带来了清凉和湿润。

王宫分为阿尔罕布拉宫、格玛雷斯宫和狮子中庭三个部分。上宫中最重要的地方,由出使节厅、加冕厅和爱神木中庭组成。极其简约的线条和左右巧妙平衡的设计,让人觉得仿佛身处天堂胜境。爱神木中庭是国王召见大臣共商国是的地方,庭内有一长方形的水池,两旁植满各种花卉,游客可以从水中倒影清楚地看到室内的装潢。使节厅建于1334—1354年,入口处的拱门上贴有金箔雕饰,厅堂内布满精美的壁画,顶棚绘有代表着伊斯兰宇宙观的七重天。狮子中庭由 124 根柱子围成,每根廊柱上均雕饰着精美的花纹;中庭内有一方水池,水池中立有 12 只狮子的雕塑,别有一番风味。围绕在狮子中庭周围的有双姊妹厅、国王厅等。双姊妹厅是狮子中庭中最老的殿堂,其顶棚由 5 000 多块彩板拼装而成,光线就由顶棚上的小窗户透进来。

顺着林荫大道往前走,便会抵达国王的夏宫——轩尼洛里菲宫。它位于王宫的东侧,由数个精致的花园和宫殿组成。它的作用是让国王抛开朝廷的政事,到此来享受片刻的宁静,因此有"高处天堂花园"之称。轩尼洛里菲花园呈现典型的伊斯兰风格,宫殿周围建有甬路,有水池和小树林。其中部分花园融合了西班牙风格,如柏树园,那里还有株年约 700 岁的巨柏。

阿尔罕布拉宫是一座美得令人即使亲眼所见仍不敢置信的宫殿,精美的伊斯兰艺术在此发挥得淋漓尽致,凡是到访过的游客,都有种置身在"天方夜谭"里的梦幻感觉。

21. 世界屋脊上的明珠

——拉萨布达拉宫

布达拉宫位于我国西藏拉萨，是一座独具匠心的传统藏式建筑，依山而建，共 13 层，高 117 米，东西长约 420 米，宫墙厚 3～5 米，占地面积约 13 万平方米，用石头和三合土砌成，坚固无比。宫墙外表向上倾斜，更显得雄伟壮观。其中，宫殿、灵塔殿、佛殿、经堂、僧舍、庭院等一应俱全。它是当今世界上海拔最高、规模最大的宫殿式建筑群，是藏族古建筑艺术的精华，也是中华民族古建筑的精华之作。

布达拉宫分为两大部分：红宫和白宫。正中的宫殿呈褐红色，称为"红宫"，为历世达赖喇嘛的灵堂和习经堂所在地。红宫的中央，由 8 座灵塔殿和一些佛堂、经堂组成。各堂都有几十个大殿，各殿以走廊和楼梯相连。佛堂供奉着佛祖和已逝的各世达赖的描金塑像，佛座上悬挂着色彩鲜艳的飘带，堂内香火不断，青烟缭绕，千百盏装满酥油的金灯日夜不熄。每座灵塔殿内都有一座灵塔，分别存放着五世达赖到十三世达赖的尸骸（六世达赖没有建灵塔）。8 座灵塔中，五世达赖的灵塔最大，上下贯通 3 层大殿,形如北京北海的白塔,高 14.85 米,底座面积达 36 平方米,从上到下包金,共用黄金 1 850 多千克,塔上的各种图案花纹都是用钻石、珍珠、珊瑚、玛瑙镶嵌而成的;十三世达赖喇嘛的灵塔最为精致华美,灵塔高 14 米,塔身为银质,外面包着金皮,上面镶满各种宝石和珍珠。塔前还有一座 0.5 米高的珍珠塔,是用金线将 20 万颗珍珠、4 万多块宝石串成的。塔身用金皮或镏金铜皮包裹,镶珠嵌玉,十分华美。其他灵塔也都包金镶玉,灿烂夺目,灵塔内放着各世达赖喇嘛的遗体,遗体均经过脱水及防腐处理。

经堂内珍藏着大量古经卷,都是无价之宝。西大殿是红宫最大的经堂,一些重大的宗教活动都在这里举行。殿内的墙壁上绘有大量壁画,记载了五世达赖一生的事迹,其中《五世达赖朝见顺治图》,描绘了他朝见顺治皇帝的隆重场面。五世达赖接受顺治册封之后,历世达赖喇嘛都要接受中央的册封。

白宫在布达拉宫的西边,东大殿是白宫内最大的宫殿,也是达赖喇嘛举行活佛转世继承仪式和亲政大典的地方。从清代起,规定达赖的转世灵童都要由清朝皇帝派大臣来主持"坐床典礼",才能取得合法地位。东日光殿和西日光殿是达赖喇嘛的经堂,殿内有习经堂、会客室、休息室和卧室。每年藏历 12 月 29 日的"施食节",这里都要举行小型的庆祝仪式。

布达拉宫山后有个龙王潭。当年五世达赖为修建这座宫堡,工匠在附近山坡采石,久而久之挖出了一个方圆几里的大坑,布达拉宫建成后,在这里修建了一座坛,供奉龙王,称为"龙王潭",现已辟为公园。

布达拉宫每座殿堂的四壁和走廊上都绘着许多壁画,色彩鲜艳,画工细致,取材多为佛教故事和历史故事,内容大致分为4类:一是佛像和菩萨像;二是反映佛一生的主要事件、宣扬佛教教义的故事,如释迦牟尼修道成佛的故事;三是达赖、班禅等历代高僧的传记画和肖像画,如宗喀巴创立黄教的事迹;四是重大历史事件和西藏风俗画,如松赞干布一生的业绩、文成公主进藏的盛况、修建布达拉宫的景象等。西大殿的一幅壁画描绘了300多年前五世达赖喇嘛进京觐见顺治帝的情况,另一幅则描绘了十三世达赖喇嘛进京觐见光绪帝的情况。这些壁画形象地反映了西藏地区的风俗人情、历史传说、社会风貌和宗教概况,是西藏地区的历史画卷,也是中华民族艺术的珍宝。

布达拉宫中还藏有大量的卷轴画、雕塑、玉器、陶瓷、金银器物等艺术品,以及经书和其他重要历史文献,具有极高的价值。可以说,古老的布达拉宫不但是现存的举世瞩目的著名建筑,也是西藏的文化宝库。布达拉宫是西藏现存最大最完整的古代宫堡建筑,也是世界上海拔最高的古代宫殿,被誉为"世界屋脊上的明珠"。

22. 欧洲第四大教堂

——圣母百花大教堂

圣母百花大教堂被誉为"欧洲第四大教堂",是佛罗伦萨的象征。圣母百花大教堂于1248年开始筹建,在1296—1462年分段完成,前后共214年。其间,西欧正笼罩在一片"去罗马化"的热潮中,应时而生的哥特建筑风格很快蔓延各地区。

哥特风格在欧洲各地由于地理环境、气候、自然资源和社会条件不同,因而建筑材料、建造方式和风格也有些差异。圣母百花大教堂可以反映出意大利对哥特建筑的反应,尤其是佛罗伦萨是接下来的文艺复兴的发源地,更使这个在哥特建筑大流行时建造的佛罗伦萨主教堂颇堪细味。

大教堂建筑群包括大教堂、钟塔和洗礼堂,这是托斯卡纳地区的通例。大教堂位于市中心区的主教堂广场上,原址上曾经有过一间更老的佛罗伦萨主教堂。其建筑平面是拉丁十字式,长153米,宽38米,内部可同时容纳1万人,是与圣索菲亚大教堂并列的世界第四大教堂。工程不是由教会而是由希望通过巨大的纪念性建筑来彰显城市地位的共约 5 万市民（当时佛罗伦萨的人口数量和同时期的伦敦相当，算是该时代的特大型城市了）支持的。

　　整个建筑群的外墙装饰是在 19 世纪完成的，在横向的组织下加上竖向的图样，这个组合还颇有哥特风格的味道，外墙贴面和图案以红、白、绿三色的大理石为主。原来佛罗伦萨是托斯卡尼区的首府，这一区以出产最优良的大理石著名，这三色的大理石分别来自辖下的锡耶纳、卡拉拉和普拉托地区。佛罗伦萨主教堂用这么有代表性的大理石颜色来装饰，看看今天意大利国旗的颜色，大概也不无关系吧。

　　外墙的装饰和雕塑都值得欣赏，特别是洗礼堂的东门，这件吉贝尔蒂的作品，被文艺复兴时期大艺术家米开朗基罗誉为"天堂之门"，不应错过。内墙简单朴实，白色粉刷，配上横向装饰线条。最特别的是所有门洞、窗洞、神龛等都不是罗马风的半圆拱,而是哥特的尖拱;尤其是主堂和侧堂的上空都是肋拱式尖拱顶天棚,和哥特建筑最相似。原来圣殿南北两旁的副殿和主坛改为 15 个神龛,也是圣母百花大教堂的一大特色。

教堂大厅有 3 个纵厅,其横厅和后堂的形制特殊,在东面和两翼各是形状相同的半八角形,总体上看好像一片三叶苜蓿草的叶子,其外围又包含 3 个呈放射状布置的小礼拜堂,又分明是花朵绽放的印象,这是由当时所谓的"八位大师和画家"共同研讨得出的最优方案。

大教堂南侧的钟塔是由大画家乔托设计的,所以也被称为"乔托钟楼"。钟塔最初设计的高度是 122 米,实际建筑只达到了 84 米,分 5 层,乔托去世时只完成了底层。其正方形建筑平面的边长为 14.45 米,外墙也是彩色大理石贴面,加上彩色大理石拼贴的图案和出自名师如安德烈·皮萨诺之手的浮雕,精美匀称,被公认为意大利最美观的钟塔之一。塔内有 370 级台阶可供登顶俯瞰全城。西面的洗礼堂建于 11—12 世纪,是八边形的罗曼式单体大厅,高约 31.4 米,外观端庄沉稳,外墙以白、绿色大理石饰面,八角形穹顶内面装饰有以"末日审判"为题材的精美马赛克。它共有 3 道大门,东面门上有雕刻家吉伯提制作的表现圣经故事的精彩镀金铜雕。下块雕刻以浮雕形式镶嵌在铜门上的框格内,浮雕中透视表现合理,细节丰富,造型准确。米开朗基罗曾对这件作品大加赞赏,认为只有天堂的大门才有资格用这样的艺术精品加以装点,所以该门便得名为"天堂之门",该门此后被教会命名为圣门,每隔 25 年每值所谓圣年才开启一次,也就是说每一百年内才有四次洞开的机会。

教堂内部以大理石铺地,分隔纵厅的是巨大的圆拱廊,纵向立面只有两个水平部分,圆拱之上是一条起分隔作用的饰带,其上方是扶持拱顶的半圆形墙面,中央有面积不大的圆形花窗。顶上是高耸的哥特式十字筋拱拱面单元,下面承担重量的是粗大的柱墩,其剖面近似圆形。庞大的教堂内部风格简洁流畅,没有繁缛的装饰细节,不过总体上给人以空荡荡的印象,这是因为早先陈列其中的许多艺术精品已经被分别移到各博物馆中收藏去了。

整个建筑群中最引人注目的部分是那个鲜艳的赭红色的超比例的中央穹顶,以压倒性的态势统领全局。该穹顶本身的工程历时 14 年,完成于 1434 年,不含采光亭顶高 91 米,含采光亭共 114 米。穹顶的基部呈八角形,平面直径达 45 米,基座以上是八面都开有圆窗的鼓座。野心勃勃的建筑委员会当年奠立了这个超级庞大的基座,但是并不知道怎么才能将其上的穹顶完成,他们只是抱着近乎天真的虔诚希望上帝能够有朝一日赐予解决方案。等待了多年之后,直到万般无奈地进行了类似竞标活动的广泛方案征集,著名建筑师菲利浦·勃鲁涅莱斯基才勇敢地接受了这一挑战。他没有选择首先搭建全尺度整体框架的传统方法,而是采用了所谓的"攀爬式框架",将框架分段搭建,用已经建成的穹顶部分作为续建的基础,而穹顶实际上就是以一系列不断缩小的八边形环体叠合而成的,而每个环形本身也是一种可以有效抵抗外张侧推力的稳定形体,从而可以确保穹顶的坚实稳固。

在审美情趣上,以圣母百花大教堂为代表的文艺复兴早期建筑,不再是为了刻意追求某种精神意向而在单一维度上不惜代价倾尽全力,而是重新重视整体比例的和谐平衡,倾向于平和的水平性,避免激越的垂直性,同时偏爱采用古典建筑语言,诸如穹顶、圆拱等,回避哥特式的结构。其实意大利人对哥特式的轻慢态度,从前章提到过的哥特式名称来历中就已经有所反映了。文艺复兴时期的艺术家一旦有表现自身文化传统积淀的机会,多会在积极重现古典的同时不假思索地去排斥政治上敌对的异族影响。不过,圣母百花大教堂本身仍然算是哥特式和典型文艺复兴式之间的一个过渡作品,其中的许多筋拱结构还是明显反映出受哥特式风格的影响。

23. 哥特式建筑成熟的标志

——亚眠大教堂

亚眠大教堂是法国哥特式建筑的代表作，是哥特式建筑成熟的标志。与其他哥特式建筑不同，亚眠大教堂外部减少了塔楼的数量，更注重于立面的装饰，而且在高度上达到了 43 米，高出了其他的教堂。教堂内部窗户的面积大大增加，几乎找不到墙面，处处是华丽精美的玻璃窗画。而承重的柱墩也以细柱为主，它们与屋顶尖券的券肋连成一体，一气呵成，看起来更为坚固、连贯，充满向上的动感。

亚眠大教堂以其设计的连贯性、内部的层次装修之美和被称为"亚眠圣经"的雕塑群而著称于世。原教堂于 1218 年被焚毁，现在的教堂为 1220 年由埃费阿·德·富依洛瓦主教重建。整座建筑用石块砌成，由 3 座殿堂、十字厅和设有 7 个小拜堂的环形后殿组成。平面基本呈拉丁十字形，长 143 米，宽 46 米，占地面积达 20 万平方米左右。教堂正门在西面，从上至下一共分为 3 层，巨大的连拱占了一半的高度。正面拱门上方的拱廊的每个小拱中都装饰有 6 把锋利的刺血刀，每 3 把成为一束，立在三叶拱的下面。拱门与拱廊间都用精美的花叶纹装饰。底层并列的3扇桃形门洞侧壁上都刻有浮雕。正面门楣上一系列的圣人雕像,已经是成熟的哥特式作品,都精美生动、优美典雅、栩栩如生。其中最著名的是一座名为"美丽上帝"的雕像,雕像中耶稣的表情高贵祥和、悲悯仁慈,有着高贵威严的风度,十分具有感染力。中层是两排拱形的门洞,下面一排8个,上面一排4个,为著名的"国王拱廊"。4个拱形门两两对称,中间是一面直径为11米的巨型火焰纹玻璃圆窗,此窗也称"玫瑰窗"。顶层又是一排连拱,由四大四小门洞组成。在教堂两侧,各有一座风格独特的塔楼,北塔高67米,南塔高62米,双塔对峙,十分壮丽。

通过大教堂立面的3个拱门就可进入教堂内部。教堂内十字厅长133.5米,宽65.25米,高42.3米,宽敞阔大、气势宏伟。拱间平面为长方形,每间都有一个交叉拱顶,上下重叠,中间饰以浮雕,与侧厅拱顶相对应,烘托出整体一致的庄严而又不落俗套的感觉,同时还产生一种高大无比的仰视感。4根细柱附在一根圆柱上,形成束状结构,取代了粗大的圆柱。

从下面看上去虽不甚匀称,但布局严谨。特别是殿堂和唱诗台在十字厅两侧分布,加强了完整状的平衡,突出了轻快格调的结构,开创了建筑学上的强调余光的新阶段。教堂周围墙壁上高达12米的彩色玻璃窗,保证了充分的光照,使教堂显得十分明亮。教堂上面装饰着由五颜六色的彩色玻璃镶嵌而成的描绘圣经故事和圣经人物的图案，构图开阔，造型自由舒展。当阳光从四面八方透过那图案各异、五彩缤纷的玻璃花窗时，折射出闪烁变化、热烈幽秘、华丽壮观的璀璨光影，令人目眩神迷，油然生出飞升天堂的向往。

大殿中央是一个由110个橡树祷告席构成的唱诗坛，由4个连拱组成，线条分明，上面雕刻有4 000个圣像人物，用了11年的时间才完成，蔚为壮观，是亚眠大教堂的镇堂之宝。整个教堂被126根精美的石柱和斑斓的彩色玻璃窗装扮得富丽堂皇，站在高深的教堂空间正中，面对着庄严高大的圣坛，不由得会生起崇高、神圣的感觉。教堂内部保存了许多完好的石雕，正门上雕刻的是"最后的审判"，北侧门刻有本教区诸神和殉道者，南侧门为圣母生平图，十字厅南大门上雕刻了全身圣母像。

亚眠大教堂高大的殿堂、高耸垂直的线条和优美的尖顶穹窿，巧妙地搭配成完美严谨的几何图形，大跨度的天顶使室内空间显得极为精深博大，深刻地表达出虔诚的宗教信仰。对于亚眠大教堂的宗教效果，诗人海涅曾做过这样生动的描绘："我们在教堂里感到精神逐渐飞升，肉身遭到践踏。教堂内部就是一个空心的十字架，我们就在这里走动，五颜六色的窗户把血滴和浓汁似的红红绿绿的光线投到我们身上……精神沿着高耸笔立的巨柱凌空而起，肉身则像一袭长袍扑落地上。"

亚眠大教堂是法国哥特式的典型杰作，深刻而完美地显现出哥特式教堂的震撼力量和建筑艺术。亚眠大教堂宏伟壮丽、空灵优美，体现着那个时代巨大的威力，宣扬着基督教的精神。对于哥特式教堂的这种宗教象征性，著名的文艺理论家丹纳曾这样描绘："教堂内部罩着一片冰冷惨淡的阴影，只有从彩色玻璃中透入的光线变作血红的颜色，变作紫英石与黄玉的华彩，成为一团珠光宝气的神秘的火焰，奇异的照明，好像开向天国的窗户……正堂与耳堂的交叉，代表着基督死难的十字架。玫瑰花窗连同它钻石形的花瓣代表着永恒；叶子代表一切得救的灵魂；各个部分的尺寸都是圣数。哥特式教堂形式富丽，怪异，大胆，纤巧，庞大，正好投合病态的幻想所产生的夸张的情绪与好奇心。"

　　亚眠大教堂是中世纪盛期哥特式建筑艺术的杰出代表，贯注了整个时代的宗教信念、宗教情绪和宗教追求，具有极强的象征意义。它的高大壮观、气势恢宏深深震撼着后人，有个参观者曾无限感慨地询问著名的诗人海涅："为什么我们现在就建造不了这样高大的教堂呢?"海涅回答他说："那个时代的人讲的是信仰，我们现代人讲的却是观念。而建造一座哥特式大教堂这样的建筑，仅有观念是不够的。"

$24.$ 重大历史事件的见证者

——俄罗斯克里姆林宫

克里姆林宫位于莫斯科市中心,占地 28 公顷。其西墙根下是占地 7 公顷的红场。莫斯科河沿着克里姆林宫南墙根和红场南部穿城而过。

克里姆林宫由三面围墙环绕呈三角形,墙体总长度为 2.2 千米,高达 18.3 米。主入口是面朝红场的斯拉斯基门。克里姆林宫首先浮现在人们眼前的是高高的围墙及围墙上的 20 座塔形建筑,其中最漂亮的一个塔叫斯巴斯基塔,塔尖上镶有红色五角星,下面是一座直径为 6 米的大钟,钟的字盘是用黄金铸成,每 15 分钟报时一次,12点整时鸣奏进行曲。宫内雄伟建筑包括教堂、皇宫、钟楼及办公大楼。十二使徒堂、圣母升天堂、天使报喜堂及圣弥额尔堂围绕在宫内广场四周。

克里姆林宫由俄罗斯和外国建筑家建于 14 世纪到 17 世纪，最初是作为沙皇的住宅和宗教中心。克里姆林宫的主体宫殿——大克里姆林宫，则竣工于 1849 年，而后成了最高苏维埃举行会议的地方。在克里姆林宫举行苏维埃党代会的大会堂建于 1961 年，它造在地下，以免影响那些古老建筑的美观。

克里姆林宫不仅是世界建筑史上的杰作之一，而且还是一座大博物馆和艺术殿堂。几百年来皇家收集的珍宝在其中展出，其中有许多王室宝器，包括豪华的御座、珠宝、宫礼服、马车、小巧玲珑的鼻烟盒以及法贝热的复活节蛋。这里的皇冠、神像、十字架、盔甲、礼服和餐具无不镶满宝石。仅福音书封面就嵌有 26 千克黄金，以及无数颗宝石。哥登诺大帝的金御座上镶有 2 000 颗宝石。四座教堂中也收藏着无数文物珍宝，圣母升天堂内的圣画像是出自君士坦丁堡的希腊画家之手，教堂中挂满了用黄金做架的圣画像。17 世纪 50 年代建成的东正教教长宫，后被改为 17 世纪俄国文化艺术的博物馆。

"到莫斯科的第一个晚上，肯定是在红场上度过的。"人们略带夸张地这样说。长方形的红场长 500 米，宽 150 米，它就在克里姆林宫外面。红场是个充满传奇色彩的地方，它见证着莫斯科甚至俄罗斯的许多重大历史事件。广场是在一次火灾后，作为克里姆林宫的保护地带而修建的。它原来叫作"红烧场"，到 17 世纪才有了"红场"这个名字。

广场上有一座圣瓦西里大教堂。有着像洋葱一样的圆顶的这座大教堂被誉为"一个石头的神话"。富于创意的形式、色彩与精妙绝伦的结构的完美结合，使这座教堂令人叹为观止。它按伊凡雷帝的命令建造，在 1559 年落成，从此这座无所匹敌的建筑成了俄罗斯的象征。

红场是一个具有悠久历史的广场，悠久的历史使它与庄严、庄重、宏伟等感觉联系在一起，然而它的中央喷泉、小路、各种石膏花饰，甚至那座让俄罗斯人无比自豪的圣瓦西里大教堂，却也营造了一种俄罗斯童话的情调。而作为国家权力象征的克里姆林宫，也许会一直保持严肃的面孔吧。

克里姆林宫可以说是 14 世纪以来俄罗斯所有最重要的历史事件和政治事件的见证者。克里姆林宫内包括了具有独特的建筑艺术和造型艺术的建筑经典。在许多时期，克里姆林宫对促进俄罗斯建筑艺术的发展产生了巨大的影响。

25. 集建筑艺术与园林艺术为一体

——法国枫丹白露宫

枫丹白露宫位于法国巴黎东南 70 千米的郊外,这里是塞纳河的源头,周围是面积达 200 平方千米的森林,枫丹白露宫就坐落在这个美丽青翠的丛林当中。它最初是供国王行猎用的别宫。

自路易十四时起,枫丹白露宫一直是法国王朝的驻地。公元 16 世纪,弗朗斯瓦一世在意大利征战时,为文艺复兴艺术所倾倒,他就想在法国自己的土地上造就一个"新罗马城",于是,他选定了枫丹白露宫作为理想的实践地。他专门从意大利请来一批艺术家和能工巧匠与法国的工匠一起对枫丹白露宫进行了大规模的扩建改造。法国建筑家完成了宫殿的外部工程之后,由意大利艺术家进行内部装修。其中以意大利画家罗索和普利马蒂乔为首的艺术家们形成了枫丹白露画派,这个画派实际上是法意两国艺术水乳交融的结晶。这样,法国与意大利两国文化交汇融合、雕刻与油画艺术完美结合,形成了枫丹白露的独特气质,是文艺复兴与法国传统的完美结合体。

枫丹白露宫的主体建筑是几个相接的庭院，庭院之间由拱形的门洞相连。走进正门就是告别宫，也叫白马宫。据说，拿破仑迎接皇后约瑟芬入宫时，庭院里御林军白马队列阵欢迎，场面十分壮观，所以这个小广场便被称为"白马庭院"。后来拿破仑兵败退位，也是在这里和列队的部下官兵挥泪告别，所以此院又叫"别离庭院"。一院两名，记录了一代天骄拿破仑的兴衰荣辱。

枫丹白露宫内的墙壁四周和天花板上布满了各式各样的宗教和世俗的油画。细木护壁、石膏浮雕和壁画相结合的装饰艺术，形成了枫丹白露的独特风格。著名的弗朗斯瓦一世廊殿就是典型的一例。它的下半部贴着一圈2米高的金黄色细木雕刻做护壁，上半部以明快的仿大理石人物浮雕烘托出一幅幅带有文艺复兴风格的精美壁画，显得既辉煌又典雅。宫中的舞厅也十分气派，豪华中又有一种清新之感。护壁和天花板的色彩主调是金黄色。十余根粗壮的方墩柱也成了装饰品，不仅有许多浮雕，而且每根柱子都嵌进了好几幅油画。当年帝王和王室贵族们便是在这里翩翩起舞、尽情欢乐的。身临此地，似乎还能听到宽松的长裙随舞步"沙沙"作响，绸缎舞鞋在细木地板上轻盈踏步，音乐声飘出窗外，和夜间树林的声音混成一组清幽的乐曲。

枫丹白露宫最吸引人的地方应该是它丰富的典藏，是座名不虚传的艺术宝库。在弗朗斯瓦一世所收藏的大量珍品中，就有拉斐尔的《神圣家族》等。在枫丹白露舞厅中珍藏的 50 幅油画和 8 组壁画装饰、蒂亚长廊内 9 幅描述法国历史的壁画、会议厅中满墙的蓝色与玫瑰色彩画、碟子廊内所镶嵌的 128 只细瓷画碟、王后游艺室内相间的雕刻与油画、国王卫队厅的雕梁画栋与仿皮革墙饰、华贵富丽的王后卧室等，都那样引人入胜。人们在这里还可以看到中国明清时期的名画与香炉、牙雕和玉雕以及各种金玉首饰，东方文化艺术瑰宝在这里大放光彩。在这些艺术珍品中，就有 1860 年法军从北京掠去的珍宝。所有这些都珍藏在枫丹白露宫的中国馆中，它由拿破仑三世时期的欧仁尼王后兴建。

枫丹白露宫的周围是面积达 1.7 万公顷的森林。森林中有栗树、橡树、柏树、白桦、山毛榉等，种类繁多，密密层层，宛若一片硕大无比的绿色地毯。每当秋季来临，树叶渐渐变换了颜色，红白相间，令人赞叹。森林内有许多圆形空地，呈星形的林间小路向四面八方散开，纵横交错。圆形空地往往建有十字架，其中最著名的是圣·埃朗十字架。这里过去是王家打猎、野餐和娱乐的场所，王室的婚丧大典也常在这里举行，历史上有许多重大事件就发生在这里，而现在此处是游人最喜爱驻足的地方。

枫丹白露宫是一个集中了建筑艺术与园林艺术的庞大建筑群体。1981 年，枫丹白露宫被列入《世界遗产名录》。

26. 无与伦比的建筑杰作

——中国的紫禁城

北京故宫是明清两代的皇宫，又称"紫禁城"，始建于明永乐四年（1406 年），历时 14 年完工，先后有 24 位皇帝在此登基。

故宫四周筑有城墙，呈长方形，城墙高 10 米，南北长 960 米，东西宽 760 米，占地 72 万平方米，屋宇 9 999 间半，建筑面积约 15 万平方米。故宫建筑以木结构为主，黄琉璃瓦顶、青白石底座，饰以金碧辉煌的彩画。这些宫殿沿着一条南北向中轴线排列，并向两旁展开，南北取直，左右对称，气势宏伟，规划严整。紫禁城四个城角都有精巧玲珑的角楼，这种"九梁十八柱"的建筑结构代表着吉祥和威严，外形也非常美观。城墙外由宽 52 米的护城河环绕，形成一个森严的城堡式建筑群。

故宫南半部以太和、中和、保和三大殿为中心，两侧辅以文华、武英两殿，是皇帝举行朝会的地方，称为"前朝"。北半部则以乾清宫、交泰殿、坤宁宫及东西六宫和御花园为中心，其外，东侧有奉先、皇极等殿，西侧有养心殿、雨花阁、慈宁宫等，是皇帝和后妃们居住、举行祭祀和宗教活动以及处理日常政务的地方,称为"后寝"。整组宫殿建筑布局严谨,秩序井然,寸砖片瓦皆遵循着封建等级礼制,显示出帝王至高无上的权威。

太和殿是皇帝举行重大典礼的地方,皇帝册立皇后、大婚、生子、宣战出征等,都在这里举行相关的仪式。太和殿是我国现存最大的木结构建筑,面阔 11 间,进深 5 间,建筑面积 2 377 平方米。该殿的一切都是我国古代建筑形制中最高等级的:黄色琉璃瓦重檐庑殿顶,屋顶上多至 10 个的仙人走兽,建筑的开间大小以及以龙为主题、以金为用色特点的彩画,无以复加地透着豪华庄严的气派。

在太和殿前的大平台上,东侧设有古代计时用的"日晷",西侧有度量谷物的容器"嘉量"。此外还有鼎式香炉、铜龟、铜鹤等,这些既是大典时的礼仪用具,同时也是江山永固的象征。太和殿内中央的 6 根蟠龙金柱之间,有一个 7 级台阶的华丽台子,台上为镂空楠木金漆雕龙宝座,宝座上方是金漆蟠龙藻井,上下金光一片。古时皇帝就在这片金光中高居宝座,接受文武百官的朝拜。

坤宁宫于明永乐十八年(1420 年)建成,面阔 9 间,进深 3 间,原来是正面中间开门,有东西暖阁。在明代,坤宁宫是皇后的寝宫。李自成起义军打进北京时,崇祯皇帝的皇后周氏就是在坤宁宫自缢身亡的。清代按满族的习俗把坤宁宫西端四间改造为萨满教祭神的场所,每天早晚都有祭神活动。凡是大祭的日子和每月初一、十五,皇帝、皇后都亲自祭神。每逢大的庆典和元旦,皇后还要在这里举行庆贺礼。东端两间是皇帝大婚的洞房,房内墙壁饰以红漆,顶棚高悬双喜宫灯。洞房有东西二门,西门里和东门外的木影壁内外,都饰以金漆双喜大字,有出门见喜之意。洞房西北角设龙凤喜床,床铺前挂的帐子和床铺上放的被子都是江南精工织绣,上面各绣神态各异的 100 个童子,称作"百子帐"和"百子被",五彩缤纷,鲜艳夺目。清代年幼登基的康熙、同治、光绪三位皇帝均在此成婚。

乾清宫,作为内廷后三宫之一,始建于明永乐十八年(1420 年),明清两代曾因数次被焚毁而重建,现存建筑为清嘉庆三年(1798 年)所建。乾清宫高 20 米,重檐庑殿顶,面阔 9 间,进深 5 间,正中设宝座,分东西暖阁。从明代永乐帝迁都北京到清初,这里是皇帝居住和处理日常事务的地方。明代的 14 个皇帝和清代的顺治、康熙皇帝都以乾清宫为寝宫。特别是康熙皇帝,经常在此举行"御门听政",最后就死在乾清宫。雍正帝继位后,移居养心殿,但还是经常到这里选派官吏、批阅奏文。正殿内横匾上书有"正大光明"四字,是雍正按顺治的笔迹所写,表明自己行事光明磊落。清代自康熙以来,不再预先宣布太子,而是由皇帝把继承人的名字写好,用小匣封装起来,放在"正大光明"匾额的背后,待皇帝死后才打开小匣,宣布帝位的继承人。

天安门是紫禁城的正门,始建于明永乐十五年(1417

年),原名"承天门"。寓有"承天启运"和"受命于天"之意,喻示封建皇帝是"受命于天"的,替天行使权力,理应万世为尊。1457年7月,承天门被大火焚毁。8年后,明英宗命工部尚书白圭主持重建,白圭请建筑匠师蒯祥出谋划策,建成了现在这个样子。明末,承天门又被焚毁。清顺治八年(1651年)又重新改建,改建后的建筑称"天安门"。这就是我们今天所看到的天安门城楼。天安门原为皇帝颁发诏令之处,皇帝举行大婚及出兵亲征、祭祀天地等大典,均从正门通过。

故宫是我国现存最大、最完整的木结构古建筑群。故宫的设计与建筑,堪称一件无与伦比的建筑杰作,它标志着我国悠久的文化传统,以及500多年前匠师们在建筑艺术上的卓越成就。

27. 世界第二大教堂

——意大利米兰大教堂

米兰大教堂是世界第二大教堂,长157米,宽92米,内部面积达到1.2万平方米,其中可以容纳4万人。教堂于1386年动工,一直到1858年才告落成。大教堂最突出的特色就是其中无数的尖塔——虽然没有大型的西面高塔,但是在各个方位的檐口、屋脊和扶垛顶端都矗立着纷繁的实心小塔,共计145座。在通体白色大理石的外墙映衬下,仿佛一座冰峰林立的巨大晶莹的冰川,印象肃穆而圣洁。所有的塔身和塔顶上都装饰有小型雕像,层层叠叠,很有些类似于印度佛教浮屠塔的感觉,加上立面上的造像,整个教堂外部的石雕像超过3 000个,其中最辉煌耀眼的一个是位于全教堂制高点上的109米高的四聚塔顶端的镀金圣母像,她以慈悲的姿势俯瞰着整个城市。米兰大教堂没有采用"西面建构",而是在一定程度上沿用了巴西利卡的"人"字形山墙立面,再用6座方柱式塔墩加以分隔,清晰勾画出大厅5道纵厅的主体结构。其建筑平面是拉丁十字式,开窗不大,而且尖拱窗和圆拱窗混用。屋顶外观有一贯到檐的整体感,中厅只高出侧厅甚少，高侧窗面积很小，从而使得内部比较幽暗。总体上来说，没有去刻意强调典型哥特式的垂直性和飞跃感，而是在保留相当程度的古典特征的同时努力实现新旧元素在美学效果上的协调与平衡，或者也可以理解为是保有深刻古典传统文化潜意识的意大利人在异族文明冲击面前的一种文化防御和同化的尝试。

　　教堂内部由高约 26 米的 4 排巨柱隔开，宏大开阔，中厅高约 45 米，内部比较幽暗。圣坛周围有 4 根花岗石圆柱，每根高 40 米，直径达 10 米，外包大理石。所有的柱头上都有小龛，内置着工艺精美的雕像。造型各异、千姿百态，展示着艺术的精粹。在横翼与中厅交叉处，拔高至 65 米多，上面是一个八角形采光亭。教堂内外共有人物雕像 3 159 尊，其中 2 245 尊是外侧雕刻，有 96 个巨大的妖魔和怪兽形的排水口。顶上有 135 个尖塔。教堂内

柱子上雕刻的神像，好像是工匠的恶作剧，故意雕得参差不齐，而且雕刻的主角不是正襟危坐的神人，而是做弥撒的狼、对鸭子和鸡传道的狐狸，或者长着驴耳朵的神父等，十分有趣。

教堂内幽暗肃穆而又祥和，身在其中，心灵不由得沉静下来。教堂两旁各有数间告解室，有许多著名的神父都选择这里为自己的安葬地。教堂大厅供奉着15世纪时米兰大主教的遗体，头部是白银铸就，躯体是主教真身。

从远处观看，米兰大教堂就像是一片尖塔耸立的丛林。白色的大理石在阳光下晶莹夺目。远处依稀可见的阿尔卑斯山成了大教堂的背景，为整个建筑更增添了巍峨与神圣的感觉。教堂正面有67.9米高，高大宏伟，主要由6组大方石柱和5座威严气派的大铜门构成。每座铜门上有许多方格，里面雕刻着教堂的历史、圣经、神话故事，令整个建筑层次分明、尊贵显赫。左边第一个铜门于1948年完成，镌刻的是君士坦丁皇帝的法令；第二个铜门是1950年所作，讲述的是圣·安布罗吉奥的生平；第三个铜门也是最大的一扇，重达37吨，完成于1906年，描绘的是圣母玛丽亚的一生；第四个铜门是1950年制作的，讲的是从德国皇帝菲德烈二世灭亡到莱尼亚诺战役期间米兰的历史；第五个铜门则是1965年完成的，表现的是从圣·卡罗·波罗梅奥时代以来大教堂的历史。

大厅两侧有 26 扇玫瑰形状的巨大而精美的玻璃窗，全部用五彩玻璃拼缀，奢华富丽，色彩鲜艳。每一扇窗都有 30 多个画面，绘制着圣经故事。有人评价大教堂的窗子是"傻子的圣经"，因为它以象征和隐喻的语言说出了基督教的基本精神。正中的太阳光彩图案寓意正义和仁爱。玫瑰形的窗子就像意大利著名的诗人但丁的诗中所说："玫瑰象征着极乐的灵魂，在上帝身旁放出不断的芬芳，歌颂上帝。"射入室内的七彩光线，五彩斑斓、光影闪烁，使得米兰大教堂充满了幽玄的神秘色彩，渲染着浓烈的宗教氛围，有一种强烈的视觉冲击力。

由教堂大厅的电梯可直达教堂的屋顶，那里可以说是别有洞天，像是到了石笋的迷宫。只见一大片的尖塔丛林，多不胜数，恢宏壮观，令人震撼。教堂的 135 座云石塔尖、2 245 座云石雕塑，大部分都汇集在此，是教堂的精华所在。大教堂之所以耗费了 5 个世纪之久的时间，主要是用在屋顶细致的装饰及雕刻上了。丛林中，最引人注目的是中央高达 108 米的尖塔，是 15 世纪意大利建筑巨匠伯鲁诺列斯基雕刻的。而尖塔顶端的圣母玛丽亚镀金雕像是整座建筑的象征。圣母身上裹着闪闪发光的黄金制成的叶片，璀璨华丽，目眩神迷。它高为 4.2 米，重 700 多千克，由 3 900 多片黄金包成。

教堂顶端除了可以欣赏教堂屋顶上的雕塑之美，还可俯瞰米兰全景，视野极佳，一望无际的视野令人心旷神怡。天气晴朗的时候，远处阿尔卑斯山脉的优美景色也清晰可见。米兰大教堂前是著名的大教堂广场,这里也是米兰市的中心。米兰在城市建设中,把商业与文化巧妙地结合在一起,周边建筑物的高度都不许超过这座教堂。城市建筑与广场基调协调一致,更好地衬托着大教堂的美丽。

横跨5个世纪才修建完成的米兰大教堂,由德国、法国、意大利等国建筑师先后参与设计,融合了哥特、文艺复兴、新古典等多种风格,展现了登峰造极的哥特式艺术。大教堂全部由白色大理石砌成,是欧洲最大的大理石建筑之一,有"大理石山"之称。

米兰大教堂是这座城市的象征与地标,教堂的尖拱、壁柱、花窗棂都极具特色,教堂外部总共有2 000多尊雕像,连内部雕像总共有6 000多尊,是世界上雕像最多的哥特式教堂。屋顶135座尖塔,参差林立、精美绝伦,神奇而又壮丽,在阳光下灿烂夺目,令人叹为观止。它被英国小说家劳伦斯形容为"带刺的教堂"。

米兰大教堂充满了法国哥特式向上的动感。白色大理石又具有罗马式的风范,细部精美的雕饰,又洋溢着意大利独有的浪漫奔放的激情。它充满奇迹、矛盾和集锦等特色,反映了时代的风格和品位。

28. 举起来的穹顶

——意大利佛罗伦萨大教堂

　　佛罗伦萨大教堂被认为是文艺复兴建筑风格的始点、经典和楷模，大教堂是 1296 年动工兴建的。佛罗伦萨从 1183 年成为自由都市实行自治，城市自治制度大大促进了工商业的发展。雄心勃勃的佛罗伦萨人下决心要建一座超过比萨等其他城市的大教堂，他们要建最伟大的教堂。

　　佛罗伦萨大教堂在 1375 年建成前半部分，后半部分准备建一个直径为 42.2 米的八角形大穹顶，但如何建这么大的穹顶把他们难住了。古时候建筑技术和工艺都是口口相传的，没有文字记载，前罗马人和拜占庭人建大穹

顶的技术早就失传了。更不利的是,他们已经施工好的部分对建大穹顶也增加了诸多的限制。

大跨度穹顶最大的难题是水平推力大。罗马万神庙为了平衡水平推力,穹顶下的支撑墙体厚达 6 米,墙高却只有 21.5 米。这种厚矮墙体的自重和刚度可以抗衡穹顶巨大的水平推力。佛罗伦萨大教堂的穹顶直径虽然比万神庙的穹顶小了 1 米,但它的墙体厚度才 4 米多,墙的高度却是万神庙的 2 倍还多,在建筑停工时已经砌筑到 55 米。佛罗伦萨人想把穹顶高高举起来,在远处也能看到它雄伟的身躯,可又高又薄的墙体抵抗穹顶巨大的水平推力是没有把握的。

著名的佛罗伦萨大教堂建到最关键的时候因为技术问题被迫停工了,这一停就是几十年。如何解决这个难题?佛罗伦萨市政当局采取了招标的办法,他们许以重金征集穹顶建设方案。欧洲许多建筑师、艺术家甚至工匠们都被吸引来了,最后,佛罗伦萨的建筑师布鲁内莱斯基的方案中标,他成功地解决了这个难题,也由此奠定了他在人类建筑史上的地位。他被誉为文艺复兴早期最伟大的建筑大师。

布鲁内莱斯基中标后,为了确保万无一失,他坚持用一些小尺度的穹顶做试验,以此获得直接的经验。1420年,大教堂穹顶开始施工,这一年,布鲁内莱斯基 43 岁,从事建筑工作已经 19 年了。布鲁内莱斯基设计的穹顶是一个有内外双层壳的穹顶,内层穹顶是主要受力结构,外层穹顶是形象和围护结构。

尽管从外表看,布鲁内莱斯基的穹顶大体上是一个恢复了罗马风格的圆顶,但实际上却是哥特式的带肋尖拱结构。内穹顶就是在 8 个面上竖起了 24 根肋,其中有 8 根主肋、16 根次肋,在竖肋之间连接横肋,以增加整体性。外穹顶也有 8 根竖肋。内外穹顶之间也有连接。为了降低水平推力,布鲁内莱斯基采取了两条与普通哥特式带肋尖拱不同的措施:一是提高了拱的高度,拱的矢高达至 30 米,是半径的 1.4 倍,我们知道,拱的高度越高,拱趾的水平推力越小;二是拱肋并不集中到圆心,而是在拱顶开一个直径 15 米的天洞,如此又使拱的坡度更陡了,进一步减少了水平推力。而天洞的上面安放采光亭,既遮风挡雨,又使得整个穹顶更加美观。

佛罗伦萨大教堂的穹顶施工借鉴了万神庙的施工技艺,没有在穹顶内搭设满脚手架,而是在穹顶外部一层层向上接建。不知道在失传 1 000 多年的情况下,布鲁内莱斯基是怎样挖掘出当年的施工技术的。大穹顶施工用了 16 年,1434 年胜利竣工,同年教堂开始启用,这时布鲁内莱斯基已经 59 岁了。

穹顶上的采光亭也是布鲁内莱斯基设计的,但在他 1446 年去世的时候还没有动工。采光亭是 1459 年开始施工的,1461 年完工。其顶部的大铜球则是 1474 年安装就位的,至此,历时 179 年工期的大教堂全部竣工。

教堂大厅长近 80 米,只分为 4 间,柱墩的间距在 20

米左右,中厅的跨度也是 20 米,内部空间极为宽敞。东部的平面很特殊,歌坛是八边形的,对边的距离和大厅的宽度相等,大约 42 米。在它的东、南、北三面各凸出大半个八边形,明显呈现了以歌坛为中心的集中式平面。这是一个形制上重要的创新,在 15 世纪之后得到发展。歌坛上的穹顶因为技术困难而直到 15 世纪上半叶才造起来。教堂内部很朴素。

主教堂西立面之南有一个 13.7 米见方的钟塔,高达84 米,是画家乔托设计的。教堂对面还有一个直径 27.5米的八边形洗礼堂,由穹顶覆盖,高约 31 米,顶子外表则是平缓的八边形锥体。虽然它造得早,但也经过坎皮奥的加工改造。它的铜门的创作铸造,是意大利文艺复兴艺术的里程碑式作品。与比萨的一样,这个建筑群也包括主教堂、洗礼堂和钟塔三座独立建筑物。这是意大利城市主教堂的一般模式。按照惯例,它们造在城市中心。主教堂的正面、洗礼堂和钟塔都以各色大理石贴面,在不大的市中心广场上,由对比着的形体构成丰富多变而又和谐统一的景色。这是中世纪意大利城市中心广场中最壮丽的图景。

佛罗伦萨的穹顶是举得很高的穹顶,在建穹顶之前,布鲁内莱斯基又把已经 55 米高的墙体砌高了 12 米,这样一来教堂的总高度达到了 118 米。把穹顶举得这么高是前所未有的创举。以前的穹顶建筑如万神庙和圣索菲亚大教堂,穹顶都没有被举起来,要么显得平庸平淡,要么被周围的附属建筑遮挡着，显得凌乱，没有气势，它们靠内部的巨大空间和华丽的装饰吸引人。而佛罗伦萨大教堂高耸的红色穹顶从外表看就雄伟壮观、气势非凡，它对文艺复兴时期及其以后的建筑产生了深远的影响。难怪布鲁内莱斯基之后的著名建筑师和建筑理论家阿尔伯蒂感慨道："世界上有谁会那么无情、那么嫉妒，而不去赞美我们的建筑师布鲁内莱斯基呢？"

29. 世界最大的一座教堂

——罗马圣彼得大教堂

罗马长方形廊柱大厅式的圣彼得（San Pietro）大教堂，是教皇所在的教堂——穹顶由米开朗基罗设计。圣彼得大教堂是目前世界上最大的一座教堂，长 186.35 米，宽 947.5 米，面积达 2 万多平方米；主堂高 40 米，圆顶高 132.5 米，共有 44 个祭坛、11 个圆顶、778 根立柱、395 尊雕像、135 幅马赛克镶嵌画。整座教堂金碧辉煌、华美至极，无论是从宗教还是从世俗角度看，圣彼得大教堂都称得上是伟大的建筑。

在这座里里外外都昭示华美的教堂中，感受到世界纷乱的人们，为自己漂流的精神找到了栖息之所。梵蒂冈是天主教世界的中心，圣彼得大教堂坐落在梵蒂冈的中心。教堂占地 2.23 万平方米，它的宏伟规模令人惊叹。这座教堂从奠基之始到举行落成典礼，前后花费了 120 年的时间，几乎所有 16 世纪意大利有名望的建筑师都参与过它的建造。它凝结着布拉曼特、米开朗基罗、贝尔尼尼等艺术大师的汗水和心血，凝结着信徒们热忱的信仰。

这座教堂的起源是为了纪念为上帝献身的使徒彼

得。公元1世纪,使徒彼得为坚持信仰而死,公元64年,他的遗体被埋在一座公墓里。虔诚的信徒把彼得的墓地作为朝圣的地方。当时的康斯坦丁皇帝也是个基督信徒,他下令在墓地周围建了一座教堂,这座教堂存在了1 000年后殆始损毁。决心在此重新建造一座更加宏伟的教堂的教皇尼古拉五世于1455年去世,之后的170年间,由于各方面的原因,导致建造一座新的圣彼得教堂的工作始终没有落实。1506年,圣彼得大教堂的地基终于奠定,建筑艺术家布拉曼特开始在这里建造一个有巨型圆顶的教堂。1514年他去世后,拉斐尔接替了他。在1520年拉斐尔去世后,另外的建筑师又采取了一个不同的设计,他们引进了一些哥特式的设计,圆顶的设计被取消了。幸亏71岁高龄的米开朗基罗接替了这项工作,那是在1546年。"为了表达对上帝、对圣母、对圣彼得的爱",米开朗基罗坚定地恢复了布拉曼特的设计。为了保证设计的实施,他专门制作了一个圆顶模型,这样万一他去世了便可由他人继续他的工作。不幸被他料中,圆柱形墙壁刚刚完成,这位大师就辞世而去,但圆顶依然由他的两位合作者完成,这两位值得尊敬的合作者保证了它与原设计基本相同。经过120年的时间,圣彼得大教堂的主体建筑完工了。

圣彼得大教堂集合了众多建筑和绘画天才的智慧,除了表现宗教的神圣性之外,其艺术表现也堪称登峰造极。圣彼得大教堂的洗礼堂有基督受洗的马赛克镶嵌画，还有一尊历史久远的圣彼得雕像，雕像的一只脚是"银色"的，这是数世纪来被教徒亲吻和抚摸的结果。从前厅向广场望去，可以感受圣彼得广场的另一番气势。前厅左右两侧的雕像是两位罗马最高统治者，右面是君士坦丁大帝，左边是查理大帝。其中君士坦丁大帝的雕像是贝尔尼尼的作品。教堂最右边的圣门通常都不打开，只有像千禧年这样的重要时刻才会开启。中间的铜门则是15世纪的作品。上面的浮雕刻画的都是圣经人物及故事，包括基督与圣母、圣彼得和圣保罗殉教等。祭坛最中心的位置是一座造型华丽的圣体雕像，建于1624年，位于圣彼得墓穴的上方。4根高达20米的螺旋形柱子顶着一个精工雕琢的铜铸顶棚，总重达3万多千克。建筑家兼雕刻大师贝尔尼尼运用巴洛克式极其夸张和奢华的设计，将圣体雕琢得无比完美，是整座教堂的精华所在，而贝尔尼尼当时只有25岁。祭坛的上方正好是圆顶，阳光透过窗子洒在圣体上闪闪发光，仿佛是天国之光，窗上还有一只象征圣灵的鸽子。贝尔尼尼的才华在此发挥得淋漓尽致。

米开朗基罗著名的《圣殇像》就位于圣殇礼拜堂内。礼拜堂原名十字架礼拜堂，但因《圣殇像》名气太大而改名。《圣殇像》表现了当基督的尸体从十字架卸下时，哀伤的圣母抱着基督尸体的情景。悲伤不是米开朗基罗表现的主题，圣母的坚强才是作品的本意，这也是它的不朽之处。米开朗基罗创作这件作品时才22岁，他还在圣母雕像上刻下自己的名字,这是唯一一件有米开朗基罗落款的作品。这座雕像多年前曾遭人恶意破坏,现在加上玻璃保护罩,观赏的距离约为 2 米。

圣彼得大教堂最引人注意的是大圆顶,设计者是米开朗基罗。正因为这个圆顶,圣彼得大教堂更稳固了它名列世界伟大建筑之林的地位。米开朗基罗接手大教堂的装修工程时已经 72 岁。虽然在完工前他就过世了,但世人还是把外形美丽、结构完整的圆顶所赢得的荣耀全部归功于他。圆顶在米开朗基罗去世后由其他建筑师接手,在 1614 年才完成。造型典雅的圆顶高达 130 多米,内部有 500 多级台阶,可通往教堂最高处。1626 年 11 月 18 日,乌尔班八世教皇主持了圣彼得教堂的落成典礼。教堂前面的露天广场建于 1656 年与 1667 年之间,比起教堂本身的建造,速度是要快得多了。这个与教堂不可分割的圣彼得广场略呈椭圆形,可容纳 50 万人,它主要是贝尔尼尼的杰作。

米开朗基罗充分理解了尘世之美与永恒之美的关系,在他那里,人类历史的真理存在于永恒真理之中,人类的道德力量则来自永恒的德行。圣彼得大教堂那高耸的圆顶是一个完美的几何体,象征了人类已经失去的,但又必须以某种方式重新得到的天国乐园。微茫的夕光里,圣彼得大教堂的圆顶升向高空,通向神明的居地,而人在浑融的体验中,进入了自由的无限之中。

30. 中国古典园林的代表作

——苏州拙政园

中国园林依地区可分为气派的北方园林、秀丽的南方园林和兼容并蓄的岭南园林，依据造园渊源与园林形态则可分为皇家园林（如北京颐和园）、寺庙园林（如苏州虎丘灵岩寺）、私家园林（江南园林多属此类型）和风景园林（如西湖）。

集江南园林之最的苏州园林，已有多处被列为世界文化遗产。拙政园是苏州园林中最大、最著名的，与苏州留园、北京颐和园、承德避暑山庄并称"中国四大名园"。拙政园是中国古典园林的代表作，始建于明正德四年（1509 年）。监察御史王献臣官场失意，辞官归隐苏州，占用道观废址和大弘寺，营造住宅园林，并取西晋名流潘岳《闲居赋》"庶浮云之志，筑室种树……灌园鬻蔬——此亦拙者之为政也"，题园名为"拙政园"。整个拙政园占地约5 万平方米，总体布居以水池为中心，所有建筑依水而建，形成全园各个景点间既独立又相互关联的关系，进而营造出充满诗意的境界。

拙政园分东园、中园、西园，不同的园区有不同的旨趣,其中中园为拙政园精华之所在。拙政园四季有不同的景色,秋天池中荷叶斑驳,亭台楼榭倒映于水中,长空雁鸣,心境自有一番不同。东园与中园是用一条长长的复廊隔开的,复廊的墙壁上雕有造型不同的镂窗。镂窗的花纹各不相同。透过镂窗看到的园内景色也随之变化,有移步换景的作用。

中园的建筑都是临水而建的,水面环绕四周,再加上假山、长廊,整个园林仿佛是漂浮在水面上的,仿佛把水乡泽国的温柔韵致收揽在了一起。拙政园的水廊是苏州三大名廊之一,其他两大名廊为沧浪亭的复廊和留园的曲廊。

中园内主要的建筑是远香堂,这是因为堂前有荷花池,夏天荷花的清香可以飘到堂内,遂取宋朝周敦颐《爱莲说》中"香远益清"之意而成堂名。拙政园的主人相当喜爱荷花,所以在拙政园中有7个景点可看到荷花,现在每年夏季都要在园内举办荷花节。远香堂四周廊庑环绕,堂中四壁都是镂空的玻璃窗,宽敞而明亮,足不出户就可将四周景物尽收眼底。

远香堂左后方有一座飞跨池水的廊桥——小飞虹,是苏州园林中的独创之景。此桥倒映在水中,和四周的绿荫相辉映,有如彩虹一般。站在桥上可观赏"苔侵石岸绿,水漾落花红"之景。从这里观赏水景时,感觉水一直延伸到很深远的地方,这就为庭院添加了深深的意境,真可谓造景手法的极妙之处。

倚虹亭旁为欣赏拙政园景致的最佳角度，拙政园妙就妙在将江南的名塔——北寺塔"借景"到园中。借景，为中国园林艺术中的一大技巧。此塔自花池的远端进入视野，被巧妙借来，感觉就像是园中一景似的。这不仅延展了园林景观，也增加了景色的层次感，不由得让人佩服起造园者的智慧。

西园是后来清朝的张履谦扩建的，又称"补园"，是占地最小的园林。水景仍是此处重点，这里的水池和中园的水池一脉相连，但这里的水池较狭长，没有中园的开阔。西园的主体建筑为十八曼陀罗花馆与三十六鸳鸯馆。荷风四面亭在远香堂的四周，有代表四季的4个亭子："绣绮亭"四周种牡丹，是春天赏牡丹的春亭；"待霜亭"旁植有橘子，秋天可观红橘，乃秋亭；"雪香云蔚亭"外种满梅树，为冬亭；"荷风四面亭"则是夏亭，此处四面敞开，夏天坐拥荷香。十八曼陀罗花馆与三十六鸳鸯馆是一个四方厅，被一座银杏木雕的玻璃屏风隔成南北两厅，南是十八曼陀罗花馆，北是三十六鸳鸯馆。主人宴客、看戏都在这里。这里的特色是建筑的四角都有耳室，是给艺人化妆更衣的地方，而且此处用了从西方引进的蓝玻璃，在阳光的照射下非常美丽。

穿过有拙政园全景漆雕画的兰雪堂，即可看到缀云峰假山。假山后紧接着是芙蓉榭、天泉亭、秫香馆、放眼亭等景点。看过《红楼梦》的人可能会对拙政园有似曾相识的感觉，像是大观园的景象，书中许多亭楼的名字，也和拙政园相同。这是因为曹雪芹的祖父曹寅在苏川任江宁织造时，曾寓居于此，因此曹雪芹对这里印象深刻。

拙政园共分东、中、西3部分，东园后来荒废，1959年修复，从东园入门进园，有巧匠堆叠的太湖石迎接，其间绿树散植，兰雪堂、芙蓉榭隔池相望，其绿拢亭榭、淡烟疏水，楚楚有大画家倪云林之画风。而归园田居的意思在北侧的园墙边的秫香馆表现出来，墙外是一片农田，稻禾稼穑的清香随风送来，正是一片田园意境。秫香馆的兰雪堂后有一泓池水，池东水际为芙蓉榭，池北大片草地中的天泉亭，相传是元代大弘寺遗物，西面溪水萦绕的土山坡上，湖石散置，古木蓊郁参天，曲径委婉通幽，别有山林之野趣。

流连之余，略加思量，拙政园之所以成为苏州古典园林之冠，盖在于其亭台馆榭因依水际而获灵意。而苏州其他古典名园又是分别各著其美，或以独石风标，或以叠山理水胜出，或以因借布局构奇，然其园林中种种深幽情致，却是笔力难逮，而必须去亲历体验的。

31. 至简至素的皇族别墅

——日本桂离宫

桂离宫位于日本京都市西京区,是 17 世纪皇族的别墅和赏月胜地。桂离宫始于桂山庄。桂山庄建于日本元和六年(1620 年)。当时的主人是居住在京都八条的皇族智仁亲王。正保二年(1645 年)由智仁亲王的儿子智忠亲王进行扩建。到明治十六年(1883 年),桂山庄成为皇室的行宫,并改称"桂离宫",归当时的宫内省管辖。

桂离宫东西长 266 米,南北长 324 米,占地面积达5.6 万平方米。这座闻名遐迩的庭院的大门十分简素,由竹编成,也不大,门框是两根带皮的原木柱。庭院四周围着一堵竹穗篱笆,这是桂离宫有名的篱垣。一边是竹篱笆,一边是穗篱笆,由纤细的竹枝和一劈为二的大竹组合,俗称"桂垣"和"穗垣",它显现出一种日本特有的不均衡的美。走进里边,扑面而来的是满目的苍翠,枝叶亭亭如盖,葱葱翠翠,缝隙中斜射下来太阳的光线,给层层绿色镶上美丽的金线。人仿佛接受着绿光的洗礼,身心顿觉清爽。

桂离宫中央,引桂川的水营造了一个心形的池塘,水中漂浮着大小5个岛，岛上分别有土桥、木桥和石桥横在荡漾的碧水上通向岸边，桥上也种满了青绿嫣红的花草。岸边小路曲曲折折地伸向四面八方，给人以"曲径通幽"之感。池畔屹立着古书院、中书院、御幸殿、月波楼、松琴亭、赏花亭、园林堂、笑意轩等建筑。庭园中大部分建筑都是四面通透的茶室，清一色都是木质结构，人字形的屋顶上铺着草葺或树皮葺，雪白的墙、白格子门，室内布局简练，洁净利落，少而精的装饰，减少一切人工雕饰、涂色和多余之物，将朴素与简明的风格推向极致，对建筑界影响很大，这是受禅宗的影响。14—15世纪，日本的住宅建筑确立了包括正门、壁橱、拉格的住宅的基本格局，并延续至今。其正门是由原来禅寺的回廊演变而来的。每面墙都是活的，可以随时拆掉、推开，变成一座亭子。房舍中不设大件家具，只清爽简便地铺着席子，屋内屋外无遮无碍，外面景色似成为室内陈设。桂离宫是一个集日本传统民间建筑之大成者。庭院中只有用于居寝的主屋关着白纸拉门，屋上是芭茅草葺的屋顶，自然清新、赏心悦目、草香淡雅。在这里品赏佳茗自在休憩，愉心而又悦目。

　　桂离宫内还设有观看宫廷足球的阳台。这些建筑都集中在庭园的西部，俯瞰着池水，精巧简约，各异其趣，既保持了各自的艺术独立性，又彼此相辅相成，融洽一致。庭园东部主要是池与泉，沿着一条被称为"桂川畔"的小路，穿过一片幽绿的竹林，就来到了御幸门。门两侧连接着围栏，门后是一条用红、青、黑色的沙砾铺设的御幸道。御幸道的左侧就是红叶山，又称为"红叶马场"，山上种植了很多红枫。每当秋日,这里层林尽染,如笼罩了漫天彤云。远处的月波楼正对着这韶光胜景,是当初园林规划时用心营造的效果。从红叶山向左,绕过大飞石就可以到达松琴亭,亭对面是苏铁山,周围的飞石姿态万千,几乎能达到以假乱真的程度。东侧的园林堂供放着桂离宫世代家族的牌位。

桂离宫的建筑和庭园布局,堪称日本民族建筑的精华。这个庭园最具特色的部分全部由人工建造。当时,上流社会中茶道十分盛行,整个庭园就像是一个连续的大茶室。宫里有山,山边有湖,湖上有岛。山上松柏枫竹翠绿成荫、红叶如火,湖中水清见底、倒影如镜、流光溢彩,别有一番天地在人间。宫内楼亭堂舍错落有致,贯彻着至简至素的传统自然美与湖光山色融为一体。它的细部处理得十分细致,展示着古典的情趣,如各种不同寓意的石灯笼,专门为禅宗式庭院所用的山石和茶室式庭院所用的路石,都体现了很高的艺术造诣。园内一景一物,无论是春夏,还是秋冬,处处都能成诗入画,不愧为"日本之美"的最完美的代表。

桂离宫可以说是集茶室、书院、禅院造园艺术风格于一体的综合性庭园。它精致完美、品位高雅,庭园整体与外部自然景物达到了高度的协调,被认为是日本建筑中的巅峰之作之一。因此,它也被称为"世界之宝",并作为国家级保护庭园,不对外开放。参观者需要向有关部门提出正式申请,并在得到许可的情况下,方可在指定的时间内进行参观。

32. 细腻且精致

——土耳其蓝色清真寺

坐落于土耳其伊斯坦布尔旧街市中心的蓝色清真寺与圣索菲亚教堂相对而立,相距不过 200 米。蓝色清真寺其实是俗称,得名自它蓝色瓷砖的光彩,它真正的名称应该是素檀何密清真寺。

蓝色清真寺建于 17 世纪,大圆顶的直径达 27.5 米,另外还有 4 个中圆顶、30 个小圆顶,大圆小圆搭配得当。清真寺不可或缺的尖塔,蓝色清真寺当然也有,尖塔高 43 米,而且比一般的清真寺多了一座。据说只有圣城麦加

的清真寺才能盖 6 座尖塔,蓝色清真寺在修建时,因为建筑师误听了王国的命令,所以多建造了一座尖塔。

从蓝色清真寺的正面进入,可以看到具有奥斯曼建筑特色的方正的中庭,中庭正中央有座净沽亭。蓝色清真寺的美主要表现在四个方面:一是光线。蓝色清真寺的玫瑰窗色彩缤纷,是清真寺中少见的。穿过 260 个小窗户的光线,融入昏黄的玻璃灯的光中,幻化明灭,一派光影迷离的景象。二是伊兹尼克(土耳其的"景德镇")蓝瓷砖。整座清真寺装饰着两万多片伊兹尼克蓝瓷砖,晶莹剔透,细腻精致,是蓝色清真寺最宝贵的财富。三是地毯。清真寺内铺满了地毯。红绿搭配,非常抢眼,据说是古代非洲国家的朝贡品。四是阿拉伯的艺术字。支撑大圆顶的 4 根大柱直径为 5 米,上面蓝底金字和黑底金字的阿拉伯艺术字极具欣赏价值。

在奥斯曼帝国强盛时期,伊斯兰教徒都是先到蓝色清真寺朝拜,再前往麦加,其地位可想而知。蓝色清真寺是伊斯兰教著名建筑师锡南的弟子所建,锡南弟子的作品为伊斯兰的建筑艺术又立下一座丰碑。锡南一生盖了 300 多座清真寺,他最大的愿望就是建造出比圣索菲亚教堂更伟大的清真寺,他的弟子终于替他完成了夙愿。

33. 象征永恒爱情的建筑

——印度的泰姬陵

泰姬陵是世界闻名的印度伊斯兰建筑的代表作。印度著名诗人泰戈尔曾说泰姬陵是"永恒面颊上的一滴眼泪"。在世人眼中，泰姬陵就是印度的代名词，它被列入2007年评选的世界新七大奇迹之中。这座印度王后的陵墓，正如中国的万里长城一样，浓缩着一个伟大民族和文明古国数千年的灿烂文化。

泰姬陵始建于1631年，每天动用两万名工匠，历时22年才完成，是世界建筑奇迹之一。这个陵墓由土耳其建筑师乌丁塔德、伊萨等人设计，耗资6 500万卢比建成，以泰姬的名字命名。泰姬陵位于印度阿格拉市郊，矗立于亚穆纳河畔，占地甚广，由前庭、正门、莫卧儿花园、陵墓主体以及两座清真寺组成。全部陵区是一个长方形围院，长576米，宽293米，由前而后，又分为一个较小的横长方形花园、一个很大的方形花园，都取中轴对称的布局。花园是一个典型的波斯式花园，位于主体前方，中央有一水道喷泉，而且有两行并排的树木把花园划分成四个同样大小的长方形，因为"四"字在伊斯兰教中有着神圣与平和的意思。

整座泰姬陵共分成了两座庭院,在陵墓的前院部分,种植了大量的树木、奇花异草,是一个长 161 米、宽 123 米的庭院,里面绿草茵茵、嘉木垂荫,使人顿时忘记了门外的黄土尘沙和炎炎烈日,从而进入了一个幽远宁静、令人心旷神怡的佳境。从陵园大门到陵墓,有一条用红石铺成的直长甬道,甬道尽头就是全部用白大理石砌成的陵墓。而在陵墓后面的院落不仅建造有喷水泉,还有比较开阔的水道等。尤其是后院作为建筑的主体,那里就是著名的泰姬的陵墓。

陵墓建筑在一座高 7 米、长 95 米的正方形大理石基座上,寝宫居中,四周各有一座 40 米高的圆柱形高塔,塔内有 50 层阶梯。特别的地方是每座塔均向外倾斜 12 度,若遇上地震只会向四方倒下,而不会影响主殿。寝宫高 74 米,上部为一高大的圆穹形的屋顶,下部为八角形陵壁。寝宫分五间宫室,中央宫室里放置着泰姬和沙贾汗的大理石石棺。寝宫门窗及围屏都用白色大理石镂雕成菱形带花边的小格,墙上用翡翠、水晶、玛瑙、红绿宝石镶嵌着色彩艳丽的藤蔓花朵,光线所至,光彩夺目,璀璨有如天上的星辉。陵墓的东西两侧屹立着两座形式相同的清真寺翼殿,用红砂石筑成。纯白的陵堂,配以大片碧绿如茵的草地,加上周围几座作为陪衬的红砂石建筑,给人的感受确实是简洁明净、清新典雅,难怪泰姬陵获得了"大理石之梦""白色大理石交响乐"的美誉。在阳光的映照下,泰姬陵更加夺目耀眼。尤其在破晓或黄昏,泰姬陵透出万紫千红的光芒,再添一抹金色,色彩时浓时淡。在晨曦中,泰姬陵犹如缥缈彩云间。据说,月圆之夜是泰姬陵最美的时刻,那时,一切雕饰都隐没了,只留下了沐浴在月色之下的整体的朦胧。无论从任何角度望去,纯白色的泰姬陵均壮丽无比,造型完美,加上陵前水池中的倒影,就像有两座泰姬陵交相辉映,难怪被誉为世界奇观之一。

整个陵墓的设计,体现了伊斯兰教"天圆地方"的概念。基座是方的,陵墓下部也是方的,给人一种博大、端正和肃穆的感觉。高耸的长方形大门,居高临下,雄视四方,体现了恢宏的气势。大门的上部是圆弧形的门楣,它使四四方方的下部产生了柔和的外感。经过它们的过渡,陵墓上方的穹顶,好似一个圆球悄然升起一大半,给人一种圆润和谐的美感。穹顶四周的 4 个小圆顶同大圆顶交相辉映,具有一种匀称的美。有了它们,尽管主顶高耸,也不给人以突兀的单调感。基座四周 4 座细瘦的尖塔,既突出了陵墓隐居正中的地位,又加强了整个陵墓"巍巍上云霄,一览众物小"的帝王气派。整个陵墓是一个和谐、完美的整体,而其上上下下浑然一体的白色大理石的银辉,更使它显得高雅纯洁,富有女性的柔美。

泰姬陵有所创新的地方在于:过去的陵墓一般都是建在四分式庭院的中央部位,而泰姬陵则建在四分式庭院的里侧一角,背靠朱穆纳河,陵墓前视野开阔,没有任何遮拦。陵墓两边是同样形状的赤砂岩建筑，面向陵墓而立。每座建筑都有3个白色大理石穹顶，两侧是清真寺，东侧为迎宾馆，外形呈几何状对称，陵墓被恰到好处地烘托出来。陵墓内的镶嵌装饰，更是精美绝伦。陵内中央有个八角形小室，安放着沙贾汗及其爱妃的衣冠冢，四周围着镶宝石的大理石屏风。墓内柔和的光线透过格子窗及大理石屏风上精雕细琢的金银细丝花纹，把周遭华丽的宝石镶嵌工艺映照出动人的光彩。

泰姬陵建筑集中了印度、中东、波斯的建筑艺术特点，整个布局完美、和谐，是建筑史上不可多得的杰作。印度诗人尼扎米说这座宫殿"掩映在空气和谐一致的面纱里"，它的穹顶"闪闪发亮像面镜子……里面是太阳外面是月亮"，它一天之中呈现三种颜色"……拂晓是蓝色，中午是白色，黄昏则是天空一样的黄色"。这样的建筑简直可以说是一种完美的存在。总之，陵园的构思和布局是一个完美无比的整体，它充分体现了伊斯兰建筑艺术的庄严肃穆、气势宏伟，富于哲理。因为关于这个建筑流传的美丽爱情故事，即皇帝和他的妃子的爱情故事，有人又把它称为象征永恒爱情的建筑。

34. 世界著名的建筑奇观

——意大利比萨斜塔

举世闻名的比萨斜塔是世界著名的建筑奇观和旅游胜地,它巍然耸立在意大利的比萨城,历经千年多灾多难的风雨洗礼,演绎了无数的沧桑故事。比萨大教堂建筑群包括钟塔、洗礼堂和主教堂。比萨斜塔是比萨主教堂综合建筑中的钟塔,在比萨大教堂的东南侧位置,是建筑群中最著名的建筑。在大教堂的同一轴线上还矗立着圆形的洗礼堂。这三座形体各异的建筑均为白色大理石建造,空券廊装饰,风格统一和谐,构成了一个建筑整体。在周围碧绿的草地映衬下,既没有宗教神秘气氛,也没有威严震慑力量,亲切生动,高雅凝丽,是这一时期欧洲建筑中的杰作。

传说,比萨斜塔是利用比萨的战利品修建的,其设计者是著名的建筑师那诺·皮萨诺。比萨斜塔平面为圆形,直径 16 米,外径约为 15.4 米,内径约为 7.3 米。塔身一共有 8 层,通体用白色大理石砌成,塔体总重量达1.42 万吨。塔高 54.5 米,从下至上,共有 213 个由圆柱构成的拱形券门,塔身墙壁底部厚约 4 米,顶部厚约 2

米。比萨斜塔的最下层是实墙，底层有圆柱 15 根，刻绘着精美的浮雕。中间 6 层则是 31 根圆柱，用连续券做面罩式装饰；最上一层的圆柱为 12 根，向内收缩，作为结束。沿着塔内螺旋状的楼梯盘旋而上，走过 294 级台阶，经过令人眼花缭乱的拱形门，就可至塔顶，人们也可以在塔中任何一层的围廊上停留。由比萨斜塔向外眺望，比萨城秀丽明媚的风光尽收眼底。只见蓝天白云下，城中一片鲜红的屋顶，在绿树掩映中显得格外明快美丽。比萨大教堂的大钟也放在斜塔顶层。斜塔里面一共放置了 7 座大钟，最大的钟是 1655 年铸成的，重达 3.5 吨。

斜塔造型古朴秀巧，布局严谨合理，各部分比例协调，是罗马式建筑的典范。它如同一件精美的艺术品，立面呈现着丰富的明暗变化，富有韵律感，是意大利独一无二的圆塔。比萨斜塔的倾斜问题一直是建筑史上的焦点。经分析，塔体出现倾斜的主要原因是地基的土层强度不够。当第三层完工时，人们发现塔体略有倾斜，原来是基础沉陷不均匀造成的。后来的责任工程师皮萨诺在续建时将下陷一侧的楼层加高，想促使塔体正身，结果反而使塔基沉陷得更加严重。沉陷造成的塔身倾斜问题使修建工作多次停工又复工，最后只好在倾斜的状态下修建完了，这时，离奠基的时候已经有 170 多年，建成时塔顶中心点已偏离垂直中心线 2.1 米，就此得名"比萨斜塔"。

虽然俗话说："比萨斜塔像比萨人一样结实健壮，永远不会倒下。"但比萨塔建成以来，每年以 1～2 毫米的速度倾斜，现在倾斜度已达 6 度。据预测，若无适当的措施进行保护，斜塔将在 2150 年以前因失衡而倒塌。1550年，建筑师加固了塔的地基，竟使斜塔奇迹般地稳定了上百年，遗憾的是后来斜塔又恢复一年倾斜 1 毫米多的速度。为了避免斜塔进一步加大倾斜，从 1992 年开始意大利暂时关闭了比萨斜塔，开展了挽救工程。科学家们运用了 120 多种仪器来监测比萨斜塔的每一细微反应，工作人员使用直径 20 厘米的标准螺旋在塔的地基上挖掘钻孔，精心测量挖出的土方。按照科学家们得出的结论，地下水位的季节性涨落是使倾斜永远存在的动因。经过专家及社会各界的共同努力，挽救工程已基本完成。2001 年，比萨斜塔又向全世界开放了，人们又可以欣赏这建筑史上的奇迹了。

该塔一直巍然屹立，这种"斜而不倾"的现象，堪称世界建筑史上的奇迹,使比萨斜塔名声大噪,吸引了世界各地的游客。每年都会有近 80 万的游客来到塔下,一边对它"斜而不倒"的塔身表示忧虑、焦急,同时也为自己能目睹这一由缺陷造成的奇迹而庆幸万分。

比萨斜塔名闻天下还有一个历史原因,是和伟大的天文学家、物理学家伽利略的实验有关。那是在 1590 年,伽利略在比萨斜塔上做了一个著名的自由落体实验。伽利略在认真研究了亚里士多德的"物体落下的速度和它的质量成正比"的观点后产生了质疑。于是,他就带领自己的学生,登上了比萨斜塔的顶层,让手中两个质量不等的铁球同时从塔顶垂直自由落下,结果两个球同时着地。这一实验轰动了全世界,一举推翻了禁锢人们 200 多年的亚里士多德的"不同质量的物体,落地的速度也不同"的定律,引起了物理学界的一场革命。从此,比萨斜塔闻名全球,成为比萨城的象征。

比萨斜塔可以说是"歪打正着",因失误而名扬天下成为建筑史上的奇迹,留给后人一道美丽的景观。

35. 集权势与荣耀于一身

——法国凡尔赛宫

凡尔赛宫是法国有史以来最壮观的宫殿,如同中国的故宫一般,曾经集权势与荣耀于一身。你在这里看到的不只是一座 18 世纪的建筑艺术杰作,同时也是法国历史的轨迹。

1630 年,路易十三在此建立了一个有花园的狩猎小屋,这就是凡尔赛宫的前身,但是让凡尔赛宫"发扬光大"的君主却是路易十四。

1661 年,路易十四下令对其父亲的狩猎小屋进行改建,他从未想到这个小小的工程,便是以后凡尔赛宫建设的开端。1677 年路易十四宣布将朝廷和政府机构转移到凡尔赛宫,自此浩大的建设工程便全面展开,当时雇用了 1 万多名工人。在 1682 年朝廷正式迁至凡尔赛宫时,工程的进度要远远落后于计划。后来再历经了 50 年的努力,凡尔赛宫的修建才算完工。这时候的凡尔赛宫,建筑面积增加了 5 倍,新建了南北翼楼、马厩、大翠安农宫等。

1678 年,于·阿·孟莎(Jules Hardouin Mansart,

1646—1708 年）担任凡尔赛宫的主要建筑师。他把西立面中央 11 个开间的凹阳台补上，并从两端再各取来 4 个开间，造了一个长达 19 间的大厅。厅长 76 米，高 13 米，宽 10.5 米，是凡尔赛宫最主要的大厅，主要举行重大的仪式。它的内部装修全由勒勃亨负责。同西面的窗子相对，在东墙上安装 17 面大镜子，大厅因此被称为镜廊（Calerie des glaces），镜廊用白色和淡紫色大理石贴墙面。科林斯式的壁柱，柱身用绿色大理石，柱头和柱础是铜铸的，镀金。柱头上的主要装饰主题是展开双翅的太阳，因为路易十四当时被尊称为"太阳王"，展开双翅的太阳是他的徽章。檐壁上塑着花环，檐口上坐着天使，都是包金的。拱顶上画着 9 幅国王的史迹画。镜廊的装修金碧辉煌，采用了大量意大利巴洛克式的手法。在这之前，勒勃亨还负责过卢佛尔宫的阿波罗廊（Galerie d'Apollon，1662 年）的装修，它长 61 米，宽 9.4 米，高 11.3 米，装饰也是巴洛克式的，比镜廊稍稍简洁一点。

1682 年，宫廷和整个中央政府搬到凡尔赛后，于·阿·孟莎又负责设计了向南、向北伸展的两翼。建成之后，凡尔赛宫的总长度达到 580 米（375 个窗子），同花园的规模协调多了。南翼是王子们住的，北翼是宫廷贵族和官吏们居住和办事用的，还有一所教堂和 1756 年造的剧场。剧场和教堂的设计者是雅一昂·迦贝里爱尔（Jacques-Ange Gabriel，1698—1782 年），他也设计了前院两侧服役房屋东端的柱廊，它们都是古典主义的代表作，表现结构的逻辑性，清晰明确，风格庄重，精细地追求形体的和谐。

南北两翼的西立面同中央部分的西立面是一样的，但比后者向东退了 90 米左右，大大削弱了西立面的宏伟性。同时，在两翼也就看不到大花园的全景。

大花园的横轴的北端有一所小型的宫殿，叫大特里阿农（Grand Trianon，1687 年），是于·阿·孟莎设计的，用于国王比较宁静的非礼仪性生活，单层，正面是长长的空柱廊，比较精致、亲切。

宫殿之东，以大理石院为中心，有三条林荫大道笔直地辐射出去。中央一条通向巴黎市区，其他两条通向另外两座离宫，很短。三条大道夹着一对御马厩。这种格局借鉴了罗马的波波洛广场。

宫殿的中轴线，向东循中央林荫道穿过凡尔赛镇，成为镇的中轴，象征王权对城市的统治；向西成为园林的中轴，象征对农村的统治。

由于在宫殿的核心部位保留了旧的建筑物,加上长时期陆陆续续地建造,凡尔赛宫建筑的整体性比较差。但它毕竟是欧洲最宏大、最辉煌的宫殿,代表着当时欧洲最强大的国家、最权威的国王、最先进的文化,各国君主或者大贵族常常在比较小的规模上仿效它和它的园林。1979年,凡尔赛宫被列为世界文化遗产,每年吸引成千上万的游客来此参观。

晨曦下的凡尔赛宫浑穆肃然,犹如太阳国王的神圣意志。作为贵族巴洛克风格建筑的杰出典范,凡尔赛宫是专制君主政体的象征。不过,更有意思的是,路易十四的这座纪念碑式的宫苑启迪了现代城市规划设计"将大型居住区与大自然紧密结合"的重要思路。其建筑与自然的合乎逻辑的构成设计是一些现代城市规划仿效的模式。凡尔赛宫的总布局对欧洲的城市规划很有影响。从这一意义上说,凡尔赛宫是现代的都市化和大规模的城市规划最早的范例之一。

36. 高卢雄鸡的王冠

—— 法国爱丽舍宫

爱丽舍宫位于巴黎繁华的市中心，香榭丽舍大街的东端，与巴黎的主要文化中心之一"大宫"和巴黎艺术品展览馆隔街相望。爱丽舍宫，法文的意思是"天国的乐土"，它是一座大理石块砌成的两层高的欧洲古典式建筑，占地面积有 1.1 万平方米，典雅庄重，高贵秀丽。

它的主楼是一座二层高的欧洲古典式石建筑，典雅庄重，两翼为对称的两座二层高的石建筑，中间是一个宽敞的矩形庭院，外形朴素庄重。宫殿后部是一座幽静、秀丽的 2 万多平方米的大花园。宫内共有 369 间大小不等的厅室，从宫殿中央的入口可进入爱丽舍宫的内部。爱丽舍宫在 1871 年经过整修，正式作为总统官邸。其底楼由 14 间用作会议厅、会客厅和宴会厅的大客厅以及一些办公室和起居室构成。二楼是总统办公室和生活区。宫殿里面金碧辉煌，富丽堂皇。每间客厅都用镀金的钿木装饰，天花板上高悬着晶莹夺目的水晶大吊灯，墙上悬挂着 200 多条巧夺天工的精致挂毯，富丽典雅、精美绝伦。四周陈设着 17 世纪和 18 世纪保存下来的镀金雕刻家具,约有 2 000 件,古色古香,精美高贵。此外,屋子里还装点着金光闪烁的各种精致座钟,共有 130 多架。还有价值连城的名贵油画和雕塑品及其他珍贵的艺术品,宛如一座博物馆。

主楼内的迎宾厅是主要的社交场所,戴高乐总统和德斯坦总统经常在这里宴请国内外宾朋,迎接各国贵宾,举行令人眼花缭乱的盛大舞会和社交晚会。爱丽舍宫后部有一座幽静、秀丽的大花园,优美的景色、清新的空气可让人放松心情,在此休息、散步,十分惬意、舒适。

爱丽舍宫还是法国总统秘密的军事指挥部。在爱丽舍宫奢华的水晶灯和金色的雕花门后面,是法国核导弹的发射指挥中枢。经由一条秘密通道可到达一间被称为"丘比特"的地下室,该房间由夹层钢板特制,四周为厚达 3 米的混凝土墙。室内装置了 3 个荧光屏,1 部摄影机对准总统办公室,以便总统和空军战略部队随时保持联系。

从戴高乐总统以后,据说每一位新总统上任时,都会根据自己的偏好对总统办公室的位置和装饰风格做出精心的选择和更新,从而形成了风格各异的总统办公室,其中也流露出他们在性格上,甚至政治路线上的一些特征。有的总统为表明自己会继承前任总统的路线,就会将家具摆设和装饰保持不变;反之,当继任总统希望开创新时代,或者彰显现代风格时,则会对家具和摆设做较大的变动,宫内的装饰风格也会随之发生一些变化。当然,改动爱丽舍宫内的布置可不是件轻而易举的事。总统府的装修工程必须由国家家具管理委员会和文化部的专家共同商量决定,这又显示出这座宫殿的不一般。

今天的爱丽舍宫的内部装饰和家具基本上保持了旧时风貌。宫中的家具大都还是路易十五(1730—1760年)和路易十六(1760—1789年)时期的,装饰风格上则留下了不少帝国时期(1804—1815年)的痕迹。

近300年来,这里是法兰西民族政治权力的中心、国家的象征,许多历史在这里上演,许多大事在这里发生,这里的风吹草动都足以引发世界政治格局、经济格局的迁移和变动。爱丽舍宫见证了法兰西的光荣、法兰西的衰落和法兰西民族的大国梦。

爱丽舍宫是一幢精美优雅的小楼。它是法国巴黎的著名古建筑,是法兰西共和国总统府所在地,是法国的政治中心,在法国人民心中有极重要的位置。

爱丽舍宫在世界上与美国的白宫、英国的白金汉宫以及俄罗斯的克里姆林宫同样闻名遐迩。它是法兰西共和国的总统府,也是法国最高权力的象征。爱丽舍宫就是法兰西精英演绎的舞台,它见证了众多名人、伟人的光荣与梦想,也看到了法兰西帝国从王朝走向共和的整个过程。

37. 美妙绝伦的艺术明珠

——俄罗斯的冬宫

冬宫始建于1711年，从动工设计到竣工，整个工程耗时50年，前后计有德国、法国、意大利和英国等许多欧洲建筑师参与设计，故其建筑风格复杂多变，颇具西欧风采。冬宫的立面采用古典主义的建筑手法，面向宫殿广场的一面，中央稍往外突出，有3道拱形的铁门，入口处有阿特拉斯巨神群像，十分雄伟壮观。这种形式后来在俄罗斯建筑中经常运用，成为俄国古典主义建筑形式之一。这种建筑风格实际上是杂糅了法国古典主义和意大利巴洛克风格，宏伟富丽而又繁缛细腻。不同于其他国家的王宫，冬宫外观并不是被普遍选用的灰色、暗红色、棕色或白色，而是雅致的淡绿色，十分特别。绿色的底面上，严整地排列着上下两排白色圆形倚柱和上、中、下三层金色的拱形窗。而屋顶上有200多件造型奇巧精美的雕像作品，它们和窗户上细致的雕花、优美的爱神头像，各式鲜明耀眼、引人注目的浮雕、花卉雕像等一起给冬宫均衡的外观增添了一种灵动飘逸的气韵。

冬宫共有1 050个房间、1 886道门、117个楼梯。宫内所有大厅各具特色,装饰与布置无一雷同。墙上、天花板上装饰着油画、壁画、银制的水晶大吊灯和金、铜镶就的各种艺术珍品,色彩缤纷,豪华雅致。

作为俄罗斯皇家宫殿,冬宫的花园也美丽惊人,喷泉和人工瀑布让人目不暇接。彼得大帝在1703年将圣彼得堡作为他的新首都,由于他是一位坚定的西方主义者,他决意要造一座能与凡尔赛宫相媲美的建筑。他亲自规划布局,动用军队和农奴来为一系列令人眼花缭乱的喷泉和人工瀑布挖掘沟渠、水道。这些喷泉每秒钟需水34 095升。在这个21公顷的花园里有许许多多的瀑布和喷泉,其中有些是不定时喷水设计,会把无准备的游人淋成落汤鸡。其中最大的瀑布是从七级宽的台阶逐级下降,每级台阶两边都有喷泉喷水和镀金的古典神像及英雄塑像。《旧约》中的英雄参孙,被置于一个巨大水池上,正用手把一头狮子的嘴撑开,狮子口中有一水柱喷入空中,高达20米。周围水花晶莹跳跃,还有假山以及海豚、水仙女和人身鱼尾的海神特赖登正吹着号角疯狂地欢庆。

冬宫内设一座博物馆（艾尔米塔什博物馆），博物馆一共占5座大楼，收藏有从古至今、世界各地的270万件艺术品，包括1.5万幅绘画、1.2万件雕塑、60万幅线条画、100多万枚硬币、奖章和纪念章以及22.4万件实用艺术品，真是浩瀚如海。据说，若想走完艾尔米塔什博物馆全部350间开放的展厅，行程约计22千米。艾尔米塔什博物馆的建筑和内部装饰颇有特色，拼花地板光可鉴人，家具精致耐用，各种宝石花瓶、镶有宝石的落地灯和桌子有400件左右。

西欧艺术馆是博物馆最早设立的展馆，共有120个展厅，主要收藏的是文艺复兴时期的绘画和雕塑。走进一个个大厅，跃入你眼帘的艺术大师的名字和作品足以让你惊叹不已。意大利文艺复兴三杰达·芬奇、拉斐尔、米开朗基罗各展绝世风华，波提切利、乔尔乔内、提香等古典大师尽显魅力，印象派的展厅里展出着印象派大师莫奈、雷诺阿、德加、高更、凡·高、马提斯的一幅幅价值连城的杰作，令人目不暇接。

而东方艺术馆拥有16万件展品，最早年限在公元前4000年，包括古埃及、巴比伦、亚述、土耳其等各古国的文物。远东艺术博物馆则主要收藏了大量的中国文物和艺术品，其中有200多件殷商时代的甲骨文、公元1世纪的珍稀丝绸绣品、敦煌的雕塑和壁画，以及中国的瓷器、漆器和名贵字画。

此外，还有毕加索立体画展厅，意、法画家展厅（馆内所藏的法国艺术品是除法国之外最多的），俄国历代服装展厅等，这些展厅各具特色。其中，最引人注目的是彼得大帝展厅，这里陈列着大量彼得大帝的生前用品，其中许多是他亲手制造的。展厅中的一个玻璃柜中矗立着一尊彼得大帝的蜡坐像，生动逼真，栩栩如生。蜡像的头发是取自彼得大帝本人的真发。在肖像旁边立有一根木杆，木杆上2米多的地方刻有一道线，以示彼得大帝身高超过2米。

在冬宫的前面原来是一个军事指挥部，中间有一个半圆形的广场。总指挥部正中是一个三层楼高的圆拱大门，雄伟壮观，气派非凡。广场的正中，原来准备放置彼得大帝的铜像，但直到彼得大帝死时，铜像还没完工，后来就改为亚历山大罗斯墓纪念柱。

冬宫是巴洛克风格和新古典主义风格完美结合的结晶，本身就是一个美妙绝伦的艺术品，而其中珍藏的无数艺术家的珍品杰作，更使它成为一个世所罕见的艺术之宫。

38. 古典园林艺术的杰作

——中国承德的避暑山庄

避暑山庄,又名承德离宫或热河行宫,位于河北省承德市中心北部,武烈河西岸一带的狭长谷地上,是清代皇帝夏天避暑和处理政务的场所。避暑山庄始建于康熙四十二年(1703年),建成于乾隆五十七年(1792年),历时89年。与北京紫禁城的富丽堂皇相比,避暑山庄以朴素淡雅的山村野趣为格调,取自然山水之本色,吸收江南塞北之风光,成为中国现存最大的古代帝王离宫。

避暑山庄的最大特色是山中有园,园中有山。其中,山区占了整个园林面积的4/5。从西北部高峰到东南部湖沼、平原地带,相对落差180米,形成了群峰环绕、沟壑纵横、清泉涌流、密林幽深的景色。避暑山庄之外,半环于山庄的是雄伟的寺庙群,如众星捧月一般,象征着民族团结和中央集权。著名的承德"外八庙"分布在避暑山庄东北面山麓的台地上,这些庙宇金碧辉煌,宏伟壮观。

正宫位于避暑山庄南部,是避暑山庄的主要宫殿,是清代皇帝驻跸山庄期间居住和处理朝政、举行庆典、召见王公大臣及少数民族政教首领、接见外国使臣的地方。

按照中国封建王朝的规范,故名"正宫"。正宫建于清康熙四十九年(1710年),改建于乾隆十九年(1754年),整个布局严整,风格古朴淡雅。它处在丽正门至岫云门之间的主轴线上,共有九进庭院,以表现皇帝"身居九重"的含义。

万壑松风地处正宫的东北角,南依松鹤斋,北濒下湖,是宫殿区与湖区的过渡建筑,形制与颐和园的谐趣园类似。整组建筑用半封闭回廊连通环抱,不设主轴线,各殿堂参差错落。主殿万壑松风殿坐南朝北,是山庄内唯一一座打破坐北朝南体制的正殿。"长松数百,掩映周回",西北方的峡谷中,不断送出阵阵松涛之声形成一个非常安静的环境,是批阅奏章、诵读古书的好地方。万壑松风的后殿是鉴始斋,乾隆皇帝幼年曾在此读书。

万树园位于平原区北部,北倚山麓,南临澄湖,占地约800亩,立有石碣,刻有乾隆御书"万树园",为"乾隆三十六景"的第二景。园内不施土木,按蒙古族的风俗习惯设置蒙古包数座。乾隆皇帝曾经在这里接见东归英雄蒙古族土尔扈特部首领渥巴锡、西藏活佛班禅六世,还在此地接见英国特使以及缅甸、越南、老挝等国使节并宴请听乐,有国宝级的绘画作品、乾隆皇帝的首席御用西洋画师郎世宁的《万树园赐宴图》传世。

榛子峪是山区最南端的一条山谷。谷中松、栎、橡树相间,苍翠艳丽。榛子峪与西峪交接处,更显得幽深纵横。榛子峪北坡有驯鹿坡,驯鹿坡水草丰茂,当年在这里散养了许多驯鹿。坡的对面建有望鹿亭，皇帝在此赏鹿，看鹿群追逐嬉戏，极富乐趣。此外，榛子峪中还有松鹤清樾、风泉清昕、古栎歌碑、锤峰落照等多处景点。

溥仁寺是避暑山庄"外八庙"之一，也是著名的藏传佛教寺院，始建于1713年，是"外八庙"中建成较早的，也是"外八庙"中现存唯一的康熙时期建造的寺庙。溥仁寺采取汉族寺庙样式，正殿名"慈云普荫"，内供迦叶、释迦牟尼、弥勒三世佛，两侧有十八罗汉；后殿名"宝象长新"，内供九尊无量寿佛。历史上，皇帝每到避暑山庄时，都要率领王公大臣及各民族首领到寺内烧香礼佛。每逢农历三月十八日康熙皇帝寿辰时，喇嘛们还要举行盛大的诵经法会，为康熙皇帝祝寿。

普宁寺位于避暑山庄北部武烈河畔，由于寺内有一尊金漆木雕大佛，俗称"大佛寺"，是"外八庙"宗教活动的中心。乾隆二十年（1755年），清朝军队平定了准噶尔的叛乱，为了纪念这次胜利，清政府依照西藏三摩耶庙的形式，修建了这座喇嘛寺。普宁寺是一座典型的汉藏合璧式寺庙。整座寺院雄伟壮观，按建筑风格可分为前、后两部分。前半部由南山门、钟鼓楼、碑亭、天王殿和大雄宝殿等组成，为传统的汉族寺庙建筑形式；后半部以"大乘之阁"为中心，四角有四座不同颜色的喇嘛塔。这些建筑布局灵巧，具有浓厚的喇嘛教色彩，是一组藏式风格寺庙建筑。大乘之阁内置千手千眼观音菩萨立像，高22.28米，用松、榆、杉、椴等坚硬的防腐木材雕刻而成，重约110

吨。这尊木雕高大雄伟、比例匀称、雕工精细，是世界上现存的最大的木雕像。

光绪二十六年（1900年），热河（今河北承德）普降大雨，武烈河河水上涨，危及全城百姓的生命，避暑山庄也面临被毁坏的危险。当时的热河知府姓曹，是位勤政爱民的好官。曹知府见城中低地大部分进水，有心沿武烈河边建造迎水坝，但地方拿不出钱来。无奈，曹知府只好连夜赶往颐和园向慈禧告急，要求拨经费建造迎水坝。可是，当时国库亏空，筹建海军的经费都让慈禧挪用建颐和园了，怎么办呢？最后，曹知府冒死说了一句："老佛爷，能不能把您的脂粉钱拨出那么一点儿，来建造迎水坝呢？"慈禧一听很不高兴，但为了保住避暑山庄，也只好忍痛割爱，拨了点儿脂粉钱，在武烈河右岸建造了迎水坝，最终控制了局面。

避暑山庄作为中国古典园林艺术的杰作，继承和发展了中国传统的造园思想，按照地形、地貌特征进行选址和总体设计，完全借助于自然地势，因山就水，顺其自然，同时，融南北造园艺术的精华于一身。整个山庄东南多水，西北多山，被誉为"中国地理形貌之缩影"，堪称中国园林艺术史上一个辉煌的里程碑。

39. 华盛顿的最高点

——美国国会大厦

　　美国国会大厦坐落在国家大草坪东头一块被称为"国会山"的高地上，国会山原名仁金斯山，因国会大厦建于此地而改名。国会大厦是一座三层平顶建筑，中央有一座高高耸立的圆顶，圆顶上还有一个小圆塔，塔顶矗立着 5.8 米高的自由女神铜像，成为华盛顿最引人注目的路标。女神头戴顶羽冠，右手持剑，左手扶盾，威风凛凛地远眺着东方——太阳升起的地方。国会大厦总高为 94 米，南北长 246 米，东西宽 115 米，大厦全部使用白色大理石建造，通体洁白，看起来纯洁神圣。中央穹顶仿照罗马万神庙的造型，因采用了钢构架，因而外部轮廓显得十分秀美典雅。

　　国会大厦的主体建筑是中央的圆形大厅，从大厦的东门就可进入。东大门又被称为"哥伦布门"，以纪念这位首先发现新大陆的冒险者，铜铸的门扇上刻有描述他事迹的浮雕。东大门下的台阶通常是美国总统举行就职仪式的地方，从 1829 年杰克逊总统就职起到 20 世纪末，美国大多数总统都在这里举行了就职仪式。穿过东门，就走进了宽敞明亮的圆形大厅,大厅直径约为 30 米,内顶高约 55 米,云石为墙、花岗岩铺地,金碧辉煌,气势宏伟,可容纳两三千人。大厅墙壁上,陈列着 8 幅巨大的油画,上面描绘着美国历史上 8 个重大事件。东墙上的 4 幅画反映了欧洲移民初到北美新大陆和英国殖民主义时期的情景,西墙上的 4 幅画表现的则是美国的革命战争场面。站在中央圆形大厅昂首仰望,一幅巨大的油画映入眼帘。这是在国会大厦作画 22 年的意大利画家康斯坦丁·布卢米狄的杰作《天堂中的华盛顿》。

　　中央圆形大厅的南侧,是有名的雕像厅,里面陈列着许多栩栩如生的人物雕像。这个大厅最早是众议院的会议厅,它的上部造型是一个圆形的穹顶,以使大厅里任何角落都能清楚地听到发言者的讲话,这在那个还没有发明扩音器的年代是很有效的设置。它从 1807 年一直使用到 1857 年,因后来新的众议院大厅落成,这个大厅才空了出来。于是，在 1864 年，国会做了一个决定，每个州可以在这个大厅里放置两位本州杰出公民的雕像。在雕像厅的南门门楣上，端立着一尊洁白的自由女神雕像，它是 19 世纪初就放置在这里的。在这尊雕像对面的门楣上，一个古老的时钟上部，雕刻着历史女神的生动形象。她的左脚踏在鹰的翅膀上，正在史册上记载着什么。这个时钟，启用于 1819 年，可以算是古董了。

穿过雕塑大厅向南就是众议院的会议大厅。众议院会议厅在国会大厦的南翼，与众议院会议厅相对称的参议院会议厅在国会大厦的北翼。平时如果参议院举行会议，国会大厦的北翼就会升起国旗；如果是众议院在开会，国会大厦的南翼就会升起国旗。不举行两院会议的时候，游人可以免费参观这两个大厅。在参议院与众议院之间有一道长廊连接，长廊两旁，是画着全美各种奇花异草、飞禽走兽的美丽壁画，它由意大利名画家绘制而成，蔚为壮观。

国会大厦内部共有 540 间大小各异的房间，都装饰得精美大方。其中原最高法院的房间很是引人注目。那是一个 1/4 球体形状的屋子，墙面为高雅的象牙黄色，正面立柱上有 4 尊云石雕刻的塑像，他们都是为美国的法律完善做出重大贡献的杰出人士。原最高法院楼顶上就是原参议院会议厅，其建筑风格与楼下的原最高法院大厅一致，但要宽敞许多，大厅正面是灰色的石柱，中间是议长席。按美国法律规定，副总统是参议院议长。议长席的后面是红色天鹅绒的帷幕,帷幕的中间顶端,也就是议长席的上方,是一只镀金的鹰,张开双翅,口衔绶带,十分生动。房间里面还有一个中层围廊,是1835年安设的,专供参议员的夫人们前来旁听辩论。走出大厦,外面是一大片广阔的草坪,旁边绿树环抱,翠叶成荫,景色优美宜人。在草坪附近,国会山西侧矗立着一座威武的格兰特将军的骑马铜像。格兰特是南北战争中的英雄,美国第18任总统。

站在华盛顿绿草如茵的国家大草坪中间,向四周环望,洁白如玉的国会大厦犹如绿色地毯上安放的一座象牙雕刻,玲珑剔透,十分精美。根据美国宪法规定,首都华盛顿的建筑物都不得超过国会大厦的高度,所以,国会山上的国会大厦就成为华盛顿的最高点。站在国会大厦上向远处眺望,华盛顿市的各种景物尽收眼底。所有街区以此为中心,井然有序地排列着,在市内的很多地方都能看到国会大厦的雄姿。

40. 英国王室的象征

——英国白金汉宫

白金汉宫是英国王室的府邸,集办公与居住为一体。它东临威斯敏斯特区圣詹姆士公园,西接海德公园,整个宫殿环境幽雅、景色秀美、宏伟壮观。它的正面是一幢 4 层楼高的正方形大建筑物,两翼各接着一座宫殿大楼。西边是一座大门朝东的正殿,两端是南北对称的侧殿,与正殿相连,形成一个半口字形的建筑物。白金汉宫内设有宴会厅、典礼厅、音乐厅、画廊、图书室等 600 多个厅室。白金汉宫的正门悬挂着的英国王室徽章,富丽堂皇:铁栏杆绕宫四周,外栅栏的金色装饰威严庄重。正门前面是一个宽阔的广场,广场上点缀着许多雕像,中央竖立的是爱德华七世扩建完成的维多利亚女王纪念堂,维多利亚女王像上的金色天使,代表王室希望能再创维多利亚时代的辉煌。广场远处,依稀可见圣保罗大教堂巨大的绿色拱顶。白金汉宫正前面是两侧插着英国国旗的摩尔大街,伊丽莎白二世女王会议中心便矗立在大街的尽头。白金汉宫东侧是鸟笼步行街,沿阶而行,可直达唐宁街 10 号的首相府和泰晤士河边的议会大厦。

白金汉宫的西侧为宫内正房，也是这座建筑最为古老的部分。这里有 19 个国事厅，带有绿色真丝墙布装饰的绿色会客室与皇宫会客厅相邻。皇宫会客厅内的 3 层台阶上，摆放着两把绣有伊丽莎白二世和菲利普亲王名字缩写的红色座椅。椅子后面衬有巨大的红色落地帷幕，帷幕上是镀金的英国国徽，再上面建有一个巴洛克风格的拱门，拱门两侧雕有长着翅膀的天使像，天使像两边拉起两串镀金花环。皇宫会客室原是维多利亚女王的舞厅，现在用来举行女王执政周年的庆祝活动。国宴厅、蓝色客厅、音乐厅和白色客厅相邻。蓝色客厅被视为宫内最雅致的房间，摆有为拿破仑一世制作的"指挥桌"。拿破仑失败后，法国国王路易十八将桌子赠送给当时英摄政王乔治四世。音乐厅的房顶呈圆形，用象牙和黄金装饰而成，维多利亚女王和王夫艾尔伯特亲王曾常在此举办音乐晚会。白色客厅是用白、金两色装饰而成，室内有精致的家具和豪华的地毯，大多是英、法工匠的艺术品。白金汉宫内设有专门的东画廊和西画廊，收藏有大量价值连城的稀世珍品，例如世界顶级的油画大师伦布兰特、鲁宾斯、佛梅尔、普珊、卡纳莱托的油画。

著名的大舞厅位于白金汉宫西侧二楼。宽敞华丽的大舞厅，于 1856 年 5 月 8 日建成，面积达 600 多平方米。这里主要用来举行大型宫廷舞会、音乐会、国宴和授勋仪式。厅东面靠墙摆放的玻璃柜里陈列着女王授勋时使用的宝剑和为受勋者佩戴的各种徽章。西面靠墙处设有金色的王座,后面衬着绣有英国国徽的红色帷幕。王位正上方的拱门正中间是镀金镶圈的维多利亚和阿尔伯特侧面头像。左右有两个象征着音乐的天使像和著名英国作曲家汉德尔的头像。

在白金汉宫正门前还有一个开阔的广场。广场中心的胜利女神金像高高地矗立在大理石台上,前广场的中心,还建有一座维多利亚女王纪念碑,金光闪闪、灿烂夺目。这座高大的大理石纪念碑由三部分组成:圆柱形的底座、长方体的柱子和站立着的维多利亚女王镀金雕像。纪念碑的每一部分都衬有精美的石雕。维多利亚女王纪念碑成了白金汉宫的点睛之作,表达了白金汉宫主人们对维多利亚女王时代英国的和平繁荣景象的无尽怀念。自19世纪以来,白金汉宫成为英国王室的主要活动场所,是王室的象征,是英国王室的政治舞台,也是游人心目中的圣地。

白金汉宫作为英国王室的主要居住和活动场所,也担负着重要的政治功能。它不仅仅是一座富丽堂皇、庄严气派的宫殿,更是深刻地铭记着"日不落帝国"与王室的兴衰变迁的史书。与白金汉宫有着千丝万缕联系的宫闱之变、自由大宪章、产业革命、遥远海岛的争夺、南非的战争、远东的危机,以及两次世界大战的炮火,都已逐渐附着于低垂的幔布之上,凝固在古老的墙壁之中。如今,维多利亚时代样式的卫队依旧矗立宫门,悠扬的风笛依然响彻空际。

41. 洁白如雪的欧风建筑

——美国白宫

  在美国华盛顿市宾夕法尼亚大街 1 600 号一片花木繁茂、绿草如茵的场地上,矗立着一座带有圆柱门廊、洁白如雪的欧风建筑,这就是白宫,美国的总统官邸。岁月流转,它已经成为美国历史的缩影、世界政治的橱窗。

  白宫共占地 7.3 万多平方米,正面中央是一个由粗大的乳白色石柱支撑的宽大门廊,正面 4 根,旁边各 2根。主要楼体由主楼和东、西两翼 3 部分组成。主楼宽51.51 米,进深 25.75 米,共有底层、一楼和二楼 3 层。底层有外交接待大厅、图书馆、地图室、瓷器室、金银器室和白宫管理人员办公室等。

  从白宫正门拾阶而上,便是白宫的主楼。首先映入眼帘的是气魄宏大、宽敞明亮的大理石结构门厅,地板、墙壁、柱子均为大理石材质,尽显气派与凝重。环顾四周,20 世纪美国总统的肖像挂满墙壁,仿佛使人坠入美国历史的河流。从大厅正门由东向西,依次是东大厅、绿厅、蓝厅、红厅和宴会厅。东大厅是白宫中最大、最华丽的厅堂,长约 24 米,宽约 11 米,高约 2.5 米,可容纳 200

多人。这里有宽敞的落地窗、光洁的橡木地板、巨型的水晶吊灯和烛台，以及雕有 4 只金鹰的桃木心木钢琴，18 世纪著名画家吉尔伯特·斯图亚特的传世巨幅油画——华盛顿及其夫人的全身像悬挂其间。在这个奢华的大厅内，上演了一幕幕家国天下事：亚当斯夫人在此晾晒过衣服，表演过日本相扑，驻扎过军队，有 4 位总统的女儿在此举行过婚礼，7 位总统在这里举办过丧事。1945 年，美国第 32 届总统富兰克林·罗斯福逝世后就停灵于此。1974 年，理查德·尼克松因"水门事件"离职前夕，在此与他的助手们挥泪告别。现在，此厅供美国总统举行宣誓就职仪式、记者招待会、酒会、圣诞舞会等。

国宴厅是白宫第二大厅，是举行国宴的地方。整个大厅都漆上了古象牙色，桌椅家具全为橡木所制，厅中的设计与装饰均采取 19 世纪初叶英国摄政时期的风格。墙中间悬挂着林肯的肖像。在大理石壁炉上方，镌刻着这样一句话："我祈祷上苍赐福于这座宅邸以及所有来日居于此间的人。愿白宫主宰者皆为诚实、明智之人。"这是 1800 年 11 月 2 日,第一位入住白宫的美国第二任总统约翰·亚当斯在迁居白宫后的第二个夜晚写给夫人的书信中的话语。以华丽装饰和精致餐具著称的国宴厅,可同时宴请 140 位宾客,厨房在地下室,可用升降机将食品送到宴会厅。

主楼二层是总统全家居住的地方,主要有林肯卧室、皇后卧室、条约厅和总统夫人起居室、黄色椭圆形厅等。皇后卧室曾接待过英国伊丽莎白女王、荷兰女王等贵宾,以玫瑰色和白色为主调加以装饰。林肯卧室是白宫内唯一一个以前任总统名字命名的房间,它是从杜鲁门总统时期被命名的。而事实上林肯从未将此屋做过卧室,而是当作私人办公室和召开内阁会议的地方。1863 年 1 月 1 日,林肯就在这里签署了著名的《解放宣言》,宣布解放黑人奴隶。屋内墙壁上挂着林肯的肖像,桌上摆放着林肯于 1863 年 11 月 19 日在葛底斯堡发表的意义非凡的演讲手稿。

白宫主楼两侧分别向东西展开。1902 年,西奥多·罗斯福总统下令修建白宫西翼,将办公区与生活区分开。西翼是总统办公区,东翼是生活区。西翼由西奥多·罗斯福总统主持,于 1902 年建成;东翼由富兰克林·罗斯福总统主持,于 1941 年建成。椭圆形总统办公室就位于西翼中央的内侧,它也是白宫最重要和最吸引人的地方。总统办公室宽敞明亮,地上铺着一块巨大的蓝色地毯,地毯正中织有象征美国的金徽图案,象征美国各州的 50 颗星排列成圆形,环绕着一只鹰。办公室后部两侧分别竖立着美国国旗和总统旗帜。正面墙上是身着戎装、威容凛然的华盛顿油画像。总统的大办公桌上放置着这样一条座右铭:"这里要负最后责任。"随着白宫主人的更替,椭圆形总统办公室的装饰也变化无常。

白宫西翼外面与总统办公室相对的是玫瑰园,白宫东翼外面的是以肯尼迪夫人之名命名的杰圭琳花园。杰圭琳在第一夫人中对白宫的贡献可圈可点:她将白宫内部装饰成一座极有价值的博物馆,并成立了白宫历史学会。

白宫正门的南面正前方就是有名的南草坪。在白宫建造一个花园的计划始于华盛顿总统,约翰·亚当斯最早下令修建花园,就是现在的南草坪。由于白宫是坐南朝北,因此南草坪就成了白宫的后院,通称为"总统花园"。南草坪上的许多树木是总统或夫人亲手栽植的。18 英亩(1 英亩＝4 047 平方米)的园内,到处是草坪、树木、花丛和喷泉,景色幽雅。这里也是白宫举行各种盛大礼仪和重要活动的场所。

白宫是美国总统办公和生活的地方,可以说是美国的心脏,也是世界上唯一定期向公众开放的国家元首的官邸,在这里面游览似乎可以触摸、感知到一些属于这个国家的脉搏。

42. 哥特式建筑艺术的完美典范

——德国科隆大教堂

科隆大教堂位于德国莱茵河畔的科隆市中心。在公元 873 年建的一座教堂的遗址上改建,于 1880 年最后建成。这座教堂在第二次世界大战时受到重创,后来被按原样修复。其主教堂的高度达 48 米,它不仅是德国最大的教堂,也是世界最高的教堂之一。最重要的是,它被誉为最为完美的哥特式大教堂。

在当时德国最大的城市里建造一座世界第一的大教堂是所有德国人的共同愿望。1248 年 8 月 15 日,科隆地

区主教康拉德为大教堂动工举行了奠基仪式。前期工程耗资巨大，以当时的技术条件来看简直难以想象。双顶教堂高达44米，且直上直下，既要保证底座地基的稳固，又要体现哥特式建筑所独具的垂直线性的效果。人们只能先建好直耸高拔的柱子，再用木制起重机，升到几十米的高空，最后安装完成。所有的工程人员在不具备现代几何学和力学知识的前提下，克服着各种艰难险阻，靠着对上帝的坚定信念去完成这"不可能的任务"。设计师们对于每一个细节部分，都精雕细琢、反复研究，边试验边建造。因为没有统一的尺寸标准，他们就去搭建模型和制造实物。木匠、泥瓦匠、石匠、搬运工也都不辞辛苦地忘我劳作，他们希望能造一座人间天堂以请求上帝的赐福。终于，在1322年，科隆大教堂的工程正式告一段落，地区主教主持了唱诗堂封顶仪式。但今天人们看到的双塔并不是中世纪的产物。15世纪初，人们曾试图在原教堂的南面并排修一座南堂，但58米高的建筑未盖成便倒塌了。

到了19世纪60年代，普鲁士帝国日益强盛，财力雄厚。科隆大教堂未尽的工程又被提上议事日程。德国人为了表现自己的强国地位，决定在原来基础上再建一座世界上最高的教堂。于是从1864年起，科隆市便开始发行彩票以筹集资金。到1880年终于完成了修建工作，形成了今日由两座高塔为主门、内部十字心为主体的建筑群。

大教堂占地约 8 000 平方米，建筑物本身占地约 6 000 平方米，东西长 144.55 米，南北宽 86.25 米，全部由磨光石块砌成，外观十分巍峨而又不失雅致、轻盈。内有 10 个礼拜堂。正门有两座与门墙相连的尖塔，塔高 161 米，就像两把锋锐的剑，直刺苍穹。钟楼就在这两座尖塔上，共有 5 口大钟，最重的一口圣彼得钟，重 24 吨。据说在 1164 年，意大利米兰大主教送来《圣经》人物"三王"（又叫三博士）的遗物，这些遗物后来被存放在科隆大教堂的金制神龛内。

科隆大教堂是仿照法国兰斯主教堂建造的，但也有许多自己的特点。大教堂的长厅被分为了 5 部分，而不是通常的 3 部分，左右侧厅各为两跨间，宽度都与中厅相等。中厅宽 12.6 米，高 46 米，宽与高的比例大概为 1:4，是所有大教堂中最狭窄的，这样就使得空间显得更加细长，向上的动势更为明显，产生一种超脱尘世的效果。

科隆大教堂的内部全部用框架式骨架券组成。几乎没有多少墙面，与其他风格的教堂的华美装饰相比较，它的内部显得朴素而冷峻，而这种朴素冷峻，正好体现了中世纪否定物质世界的观念以及德国天主教的神秘理性主义。

这座大教堂意在强调神圣的"彼岸性"，进入者从平视的角度看，这里是极宽敞的场所：宏伟的正堂、两旁的侧厅，巨大的支柱支撑巨大的穹窿，而侧廊与中厅的骨架券共同组成的尖券结构，使中央大厅增加了高度。事实上，进入这里的人都不会持久地平视，在那些飞腾的线条的影响下，会不由自主地向上仰望。

在这里，视觉获得的不是对象的完整自足的形象，而是很不确定的空间意象。空间在绵延，空间是生动的、连续的、无限的、开放的，似乎消除了时间性，化作一个虚空的联想之母。在线条无休止的律动与升腾所构筑的意味世界中，充满升华的力的向上的运动，在表现强度上，超过了、摆脱了物像的阻隔，成为一曲摆脱有限、涌向苍穹的乐曲。乐曲中，一种不断增强和不断上升的不安的未获得解救的力量，把自身不和谐的心理推向极度的迷狂，精神急速地升腾。这就是在哥特式教堂中领略的高峰体验。

在大教堂的西端，正立面直立着一对高达 152 米的塔楼，它们高耸入云，宛如两把利剑直插蓝天，在科隆市区以外就遥遥可见，十分壮观。这也是科隆大教堂最突出的形象标志。两塔的塔尖各有一尊紫铜铸成的圣母像，圣母双手高举着小耶稣，圣母和耶稣均成十字架状，构图优美，形象生动。在教堂四周还林立着无数座小尖塔，如众星捧月般簇拥着两座主塔，如同尊奉着至上的王者。

教堂东端的后圆殿则完全仿照了法国亚眠教堂的形制。在两座尖塔上面，是科隆大教堂的钟楼，里面有 5 座大钟，最著名的是直径 3.1 米、重达 24 吨的大摆钟，名为"圣彼得钟"。它在全世界的教堂中都属于"巨无霸"级的。每当响钟齐鸣，洪亮深沉的钟声就如同波澜壮阔的洪流，此起彼伏，气势磅礴，久久地回荡在科隆的天地间，烘托得整个教堂更为神圣庄严。沿着509级台阶盘旋而上，可登上教堂97.25米的高处，凭栏眺望，科隆市和莱茵河的美景风光尽收眼底。

科隆大教堂充分体现出建筑师对哥特精神的理解，表现出卓越的空间结构的想象力，富有创造性地揭示出哥特建筑的本质。无论是中厅两侧拔地而起的成束的细柱，还是尖端收尾的拱顶、高高细长的侧窗，都是笔直干挺的直线，没有任何横断的柱头及线脚来打断。

人们常说建筑是凝固的音乐，音乐是流动的建筑。科隆大教堂依傍着莱茵河，如同一首撼人心魄、恢宏壮阔的交响诗，每年都会吸引200多万名游客流连忘返。科隆大教堂是德国历史建筑艺术中最杰出的代表、哥特式建筑的完美典范。它巍峨宏伟、清癯冷峻、厚重凛然，充满着向上的力量，流荡着磅礴的大气，让人冥想，令人敬畏，是世界建筑史上无与伦比的旷世杰作。

43. "人民之塔"

——巴西圣保罗大教堂

巴西的圣保罗大教堂象征着南美洲的神学自由。圣保罗的主要商业街名为"圣保罗利斯大街",这是一条喧闹、宽阔、繁华的街道,两边排列着高耸的灰色混凝土建筑物,有银行、商务公司、价格不菲的商店。它们之中有一座建于19世纪的殖民风格别墅,白色外表,柱子支撑的入口,庭院中还有橄榄树,原是咖啡和蔗糖业巨子的住宅,现在则成了餐馆和文化机构。

圣保罗的生存和发展主要依靠商业贸易。在1920年时,这座城市仅有50万居民,而在今天却是2000万人的家园,成了巴西最大的城市,贸易、工业和金融资本的中心。全国总人口的1/9和半数民族工业都安身于此。

在开始建城的时候,这座城市以使徒保罗为名。1554年耶稣会会士在这里建立了传教据点,并用它所在高原的名字把它命名为"皮里提纳佳"。经过了两个世纪,殖民地的规模只是一个有几间土造教堂的小村庄。1681年,这座小村庄摇身一变成为圣维森的中心,并在1710年改名为圣保罗。又过了一年,它被官方认可为城镇。自从拥有第一座自己的大教堂以来,圣保罗经历了很长的历史。一幅摄于 1862 年的照片展示出一座壮观的拉丁美洲巴洛克式教堂,它有迷人的波浪形三角墙和看上去有些像蹲坐着的塔楼。这座巴洛克式的大教堂已经在 1911 年被毁掉了,现在那里是一个银行。新教堂的建筑工作于 1911 年在另一个地点展开,奠基者是当时负责的大主教杜阿特·雷欧波多·席尔瓦。施工进展缓慢,1933 年地板才铺好。1954 年恰逢圣保罗建市 400 周年纪念,即便这样,大教堂也未能赶在此前完工。直到 1967 年两座前塔楼才刚刚建好,略有讽刺意味地被命名为"人民之塔"。

这是否代表对自由神学的认同?并不能排除这种可能,最著名的巴西运动领袖之一多姆·赫尔德·卡麦拉给出了一个证明,同时还有一位名为保罗·耶瓦里斯托·阿恩斯的圣保罗牧师。

圣保罗大教堂是一座庄严尊贵的建筑,有两座渐渐收缩的塔楼、中殿和耳堂交叉部位的雄伟穹顶、色彩明亮的墙壤,展现了新哥特式的建筑风格。为什么在 20 世纪中期选择并且坚持使用这样一种在 19 世纪末就已经不再盛行的建筑风格呢?至今这仍是设计师们的谜题。施工过程中的数次中断,显示出计划可能遭到多次改变。

附近的私立学院恰好坐落在耶稣会会士于 1554 年建立传教所的位置上。学院和教堂都经历过殖民风格的修整,它们的规模远不如圣保罗大教堂,但看上去却非常漂亮。

444. 未完成的旷世奇迹

—— 西班牙神圣家族教堂

神圣家族教堂是人类历史上最伟大的建筑之一，也是世界上最富神奇色彩的建筑之一。它造型奇特、斑驳陆离、奇幻宏丽，兴建至今已有 100 多年，但完成之期依旧遥不可及，被称为"未完成的纪念碑"。教堂幽深的尖顶、高耸的石柱有着惊心动魄的魔力，又使人联想到童话王国，威严中不乏诙谐，庄严中带有轻松，是西班牙巴塞罗那标志性建筑。

神圣家族教堂简称圣家教堂，是西班牙现代派建筑

大师安东尼奥·高迪的杰作。高迪是西班牙最有名的建筑师，在世界建筑史上也极负盛名。他将传统与现代融为一体，创造出奇幻怪异、不同凡响的另类建筑风格。神圣家族教堂是高迪生命中最后一件作品，但未待完成，高迪就不幸遭遇车祸去世了。这座教堂高耸云端，俯瞰大地，是巴塞罗那的象征。事实上，高迪在生前，几乎是全心全意把生命的最后一股精力，都倾注于神圣家族教堂了。他因沉迷创作而终身未婚，为了全心专注于神圣家族教堂的建设，他还推掉了许多赚钱的工程。这位天才建筑师曾当街乞讨，以筹钱兴建神圣家族教堂。高迪生前清贫得一文不名，身后却留下了价值连城的文化财富。

高迪自接手教堂设计后，几十年来一直潜心研究，力求达到最完美的成果。高迪曾经说过，他不急着完成教堂，因为他的"老板"并不急，"老板"指的是上帝。神圣家族教堂自 1884 年开始动工，直到 1926 年高迪逝世，40 多年的时间里，神圣家族教堂共建起了 3 个华美的大门和 4 座 100 多米高的塔楼等几项主建筑。

这项未完成的工程，耸立在欧洲大地教堂的丛林中，却有着无与伦比的艺术魅力和惊心动魄的冲击力。它如此宏大壮美，如此精雕细琢，如此令人震撼，已成为巴塞罗那乃至西班牙最重要的保护文物，被列入《世界文化遗产名录》。

高迪在生前一直追慕欧洲中世纪哥特式建筑的宏大风采，所以在这座教堂里，他也融进哥特式样，保留了哥特式的长窗和钟塔，但高迪并不因袭旧有，而是灵活创新。他运用弧形来平衡、舒缓哥特式的严谨与刻板，钟塔的造型也是极富于创造性的，类似于旋转的抛物线，这样的结构使钟塔看起来无限向上，延伸很高，形成类似哥特式却更强烈的视觉效果。

高迪接手时，从大门口的轮廓线起，全部改用曲线。他认为直线属于急切、浮躁的人类，曲线这种最自然的形态才永远属于上帝。高迪的神圣家族教堂，以手工艺的方式精心打造，所以花费的时间十分漫长。他的建筑融合基督教风格与阿拉伯的色彩，是一种西班牙本土风格的展现。不过据说高迪的脑海里对此建筑的构想一直没有最后定稿，从 19 世纪 80 年代开工以来总是边设计边施工，逐步地、不断地修改和完善他的创造性的构想。教堂原计划建造 3 个门、18 个竹笋状尖塔，1926 年高迪去世时，只完成了 3 个圣殿正门中的 1 个基督设正生门和 8 个尖塔。

神圣家族教堂是艺术巨匠高迪后半辈子心血的投注所在，它采用巍峨壮丽的哥特样式，外形宏伟，造型怪异，整座建筑几乎没有直线和对称，而是充满怪异的细节。8 个像玉米一样的尖塔，参差错落、直插云端，在巴塞罗那任何一个角落都可以看见，一如童话。塔身表面凹凸不平，就像是被穿透了数百个孔眼的巨大蚁丘，十分奇特。塔顶形状错综复杂，每个塔尖上都有一个围着球形花冠的十字架，是由色彩缤纷的碎瓷砖拼成，十分明丽。搭乘电梯可登临塔的 60 米高处,然后再爬楼梯至 90 米处的观望台,从这里可以鸟瞰巴塞罗那市景。这里的台阶呈螺旋状上升,而且空间极其狭窄,只容一人通过,两边甚至没有扶梯的把手。身处在众高塔环绕中,这些塔好似相邻的树干般伸手可及。高迪一直崇尚自然,故建筑物上常常带有动物或植物的形状。教堂的高大内柱有的被设计成竹节状,节节向上,顶部也呈竹叶状,竹竿上还趴着蜥蜴等动物。所以,在大教堂中,有时会有踏入原始森林之感。

神圣家族教堂的高度超过 100 米,有近 40 层楼高。它是一座象征主义建筑,教堂的主体正东面和西面是高迪本人设计的,内容分别是"光明颂歌""苦难悲歌",北面是后人续建的,内容是"死而复生",建筑和雕塑风格与东、西面不同。右侧现在仍是空白,被围墙挡着。

教堂墙和屋顶都是很薄的砖结构,主殿空间内有倾斜的柱。高迪的名言"直线属于人,曲线属于上帝",是对其作品风格最好的诠释。他拒绝使用呆板的几何图形,坚持大胆而有创意的样式。其作品明显受到大自然的启发,表现出强烈的塑造感和流动感,又同西班牙南部摩尔式的宫殿有相似性。建筑所用的材料和形制富于独特的想象力与创造力,高迪似乎是想通过这种富有想象力的表达来嘲笑传统的法则,以创造一个生机勃勃的新境界,他的作品又带着一种神秘的朦胧感,如神奇的梦境。

进入教堂的内部,里面的柱子代表着拉美各大主教,窗户则代表着各教派的创始人，处处充满了隐喻和象征。教堂里装饰着各式动物、植物，与宗教性的雕塑结合在一起，呈现出欢快而神秘的天国气氛。这座大教堂怪异神奇，甚至带有一些魔幻的成分，如那凹形的门洞、蚂蚁蛀空般的塔身及其他间隙的设计，犹如魔鬼张开了带有獠牙的大嘴，教堂里闪烁的圆玻璃窗，也似乎像鬼怪的眼睛，有一种离奇古怪的诡谲之感，让人心惊胆战。走进教堂大门，仿佛走进了童话王国里的魔宫，绝对是难以忘怀的特殊体验。

巴塞罗那的神圣家族教堂是全球最有名气、最有特色的大教堂之一。它是著名的现代建筑大师高迪倾其毕生精力建造的，是高迪一生中最宏伟的巨作。神圣家族大教堂，如同天造，显现出高迪惊世骇俗般的创造力和想象力，涵盖了各种现代人能够想象却很难超越的艺术构思与创造。教堂历时一个多世纪的建造，仍未最后完工，这在近现代建筑史上可以说是绝无仅有的一个奇迹。这座鬼斧神工、无法归类于任何建筑式样的教堂，因竣工之日无可预知而被世人称为"未来的废墟""无法完成的杰作之纪念碑"。

45. 胜利的象征

———法国的凯旋门

　　凯旋门是拿破仑时期最著名的建筑,也叫"雄狮凯旋门",是在奥斯特尔里茨战役击败了俄奥联军后修建的,以炫耀法国军队的军功和军威。凯旋门也是新古典主义风格的建筑,借鉴了罗马的提图斯凯旋门。据说是拿破仑在罗马看到了提图斯凯旋门后亲自选的样子。但巴黎的凯旋门是一个 4 个方向都有门的凯旋门,建筑规模也比古罗马的凯旋门大许多,更加雄伟壮观,是世界上最大的凯旋门。

　　凯旋门位于巴黎 12 条大道的交叉点,戴高乐广场的中央。16 世纪以前,凯旋门原址还是一片沼泽,路易十五拓建香榭丽舍大道,于是就有 12 条大道在此交会,形成重要的交通路口。

　　拿破仑崛起后,在 1806 年举行凯旋门奠基仪式。然而工程进行得很缓慢,尚未及半,传来了拿破仑在德国莱比锡兵败的消息,于是工程随之停滞。1821 年拿破仑去世,未完工的凯旋门成了刺眼的累赘。1832 年法国继续修建凯旋门,于 1836 年完工。1840 年,法国迎回拿破仑尸骨，拿破仑"坐"在四轮马车上面，通过凯旋门。

18 世纪下半叶，极尽雕饰却流于空虚的洛可可式风格发展到了极致，于是模仿古希腊罗马的古典时期建筑成了时尚，这一时期的建筑被称为"古典主义"。凯旋门的门外明显继承了古罗马时期厚重的建筑风格，为单一拱形门。它高 50 米，宽 45 米，厚 23 米。这样大的建筑物却采取了最简单的构图，方方的，除了檐部、墙身和基座，没有别的划分。没有柱子或壁柱，也没有线脚。墙上的浮雕，同样也是尺度异常大，一个人像就有 5～6 米高。但它周围的楼房都比它矮小，尺度更小得多，反衬之下，它显得格外阔大，咄咄逼人。凯旋门正面右侧的浮雕最为出名，题目是《出征》，又名《马赛曲》，表现了法国军人出征的场景，这是著名雕塑大师佛朗索瓦·吕德的作品。门内墙壁上镌刻着跟随拿破仑征战的 386 位将军的名字。鲜血是士兵流淌的，荣耀却只与将军们相伴。虽然各个面都有浮雕，但浮雕周围留空较大，墙面却一点也不凌乱。

凯旋门距调和广场 2 700 米，绿树成荫的香榭丽舍大道从调和广场向西直奔而来，在中途有一个凹地，而凯旋门却在凹地之西的高地上，因此形成了格外庄严、格外雄伟的艺术力量。它的浑厚的重量感更加强了这种力量。凯旋门最酷的是在一面墙上居然有描述拿破仑失败的浮雕，一个歌功颂德的纪念性建筑不避讳失败是很美的。

凯旋门内设有电梯，可直达 50 米高的拱门，人们亦可沿着 273 级的螺旋形石梯拾级而上。上面设立着一座小型的历史博物馆,馆内陈列着关于凯旋门建筑史的图片和历史文件,以及拿破仑生平事迹的图片。另外,还有两间电影放映室,专门放映一些反映巴黎历史变迁的资料片,用英、法两种语言解说。游人们还可以上到博物馆顶部的大平台,从这里可以一览巴黎的壮美景色,欣赏到香榭丽舍大道的繁华景象、埃菲尔铁塔的英伟风姿以及塞纳河畔的巴黎圣母院、圣心教堂等胜迹风情。

凯旋门这座高大的建筑是为了纪念身材矮小的拿破仑的一次战役的胜利。从希腊时期的科西克拉特纪念碑,到罗马帝国的图拉真记功柱,到奥古斯都凯旋门,再到君士坦丁凯旋门,伟人一路走来,越是伟人越在意被历史铭记,只是有人留下英名,有人留下恶名。歌功颂德的表功建筑只记载着历史,不意味着评价。

为纪念第一次世界大战为国捐躯的法国官兵,1920年凯旋门下增设了无名烈士墓,墓上点有永不熄灭的天然气长明灯。在停战纪念日等重大节日时,法国总统会在此为阵亡的法国烈士敬献鲜花、默哀悼念。每年7月14日法国国庆节的阅兵仪式也在这里举行。

凯旋门仿照古罗马时期的同类建筑,体形庞大,结构简洁,进深宽厚,威武雄壮,洋溢着朴实宏伟的"帝国风格",充分体现了拿破仑借着古代罗马帝国的英雄主义,宣扬自己激越豪情的审美风尚。它本身就坐落在高地上,四周大多是平整的大道,更凸显其高昂壮阔的气势,令人产生崇敬之情。

46. 传统建筑的革命

——法国的埃菲尔铁塔

埃菲尔铁塔一直是巴黎的象征。它也被看作工业时代的象征，是 19 世纪后期人类在知识和工程技术条件下能达到的高度的一个大胆展示。

1886 年，法国巴黎宣布了一项为 1889 年巴黎工业博览会而设的建筑设计竞赛。这个博览会将是工业进步的盛大展览，共有 100 多个设计参赛。最后建筑师埃菲尔设计的铁塔，从众多竞争者中脱颖而出。然而铁塔兴建之初，曾遭到各界的责难与反对，首先它奇特的造型就引来各界的批评，人们担心铁塔倒塌会危及周围居民的安全。莫泊桑甚至扬言："铁塔建成之日,是我出走巴黎之时,我要远离法国。"

埃菲尔铁塔的地基是一个广场,整个结构约 1.07 万吨。铁塔共用了 1.8 万多个部件、250 万颗铆钉。这座最高的铁塔是由一支 250 人组成的工程队建成的。连同塔顶的旗杆,铁塔高 324 米,4 个基脚使用钢筋水泥制造,塔身全部是钢铁建成的,总重量达 7 300 多吨。铁塔完工后,人们发现强调对称结构的铁塔给巴黎这个城市起到了锦上添花的作用。在博览会期间,有 200 万人来此参观,乘电梯可以到达第一、第二和第三层平台。第一层高 57 米,第二层离地 115 米,参观者能登上第三层,达到离地 274 米的高度。游人徒步到达铁塔顶端需攀登 1 671 级台阶。在第一层平台上开设了一家餐馆,在 1889 年的博览会上,这里就是被指定用餐的地方。《费加罗报》报社在 116 米高处的第二层平台上有自己的办公室,法国第一个无线电台和电视台也都在这里,最初的无线电发射播送工作就是在塔中完成的。既然来到巴黎,当然要登塔顶而望远,体会巴黎的浪漫情调了。傍晚登埃菲尔铁塔最好,绚烂的晚霞与隐约的星辰点缀着巴黎的天空,弥漫着一种沉静的美。

然而,现代人大多想象不到,在铁塔初建之时,人们对这座铁塔是如何充满了惊异、怀疑甚至愤怒的情绪。人们不愿意看到改变的发生,尤其是这种改变给自己惯常的心理平衡带来冲击。传统的纪念碑的铭文,以及雕饰的庄严、华丽、肃重、宏伟，已经凝结为下意识的标准。这就是所谓传统的姿态。铁塔奇特的造型和独特的建材，有悖于当时盛行于法国的古典主义建筑潮流。铁塔在传统建筑气氛浓郁的巴黎，就像一个被放入的简陋的铁架子，当然不入时人之眼。然而，它确实是建筑构造和技术上的一次奇迹性的革命，铁塔比埃及金字塔高出一倍。埃菲尔铁塔始建于1887年，完成于1889年，只用了26个月的时间，也许正是在这种对时间的节省、重视的意义上，它还启示、标示着新的速度和效率社会的来临。从那个时候开始，物质的生产速度越来越快，时间却是越来越不够用了。悠闲的时代结束了，已经成为逝去的遥远时代的风景装饰。

20世纪后期，出于不影响铁塔的牢固度的考虑，人们拆除了多余的钢梁，这些钢梁重1000多吨。为了保护铁塔，每隔几年就要将其重新油漆一次，每油漆一次就需耗费油漆52吨。在庆祝法国大革命200周年和建塔100周年之际，人们对铁塔的使用、灯光、导游等方面都做了调整，增加了服务设施。埃菲尔铁塔至今已换过6次颜色，设计过不同的夜晚主题灯饰，不管是2000年迎接千禧年的到来，还是2004年庆祝中法友好年，变换不同灯光的铁塔，都成了万人瞩目的焦点。从铁塔建成到现在，埃菲尔铁塔每年吸引大约300万游客，这座遭遇离奇的铁塔的魅力经久不衰地令一代又一代人为其着迷。

埃菲尔曾说："我想为现代科学与法国工业的荣耀，建立一个像凯旋门那般雄伟的建筑。"矗立在塞纳河右岸战神广场上的埃菲尔铁塔向世人证明，埃菲尔做到了，他的确创造了一个建筑奇迹。

47. 自由岛上的美国象征

——美国纽约的自由女神像

在美国纽约港口入口的自由岛（又名贝多罗岛）上，高高地耸立着举世闻名的自由女神像。它作为法国赠送给美国独立 100 周年的礼物，自 19 世纪末期以来，沐浴风雨，迎送日月，早已成为美国的象征。

1865 年，拿破仑三世即位后，法国一批学者希望能够结束君主制，建立起新的法兰西共和国。出于对大西洋彼岸的合众国的赞许，也为了增进法国人民和美国人民之间的感情，他们决定筹资设计并建造一座雕像，作为庆祝美国独立 100 周年的礼物。

雕像由法国雕刻家维雷勃杜克·巴特尔迪设计。维雷勃杜克是 19 世纪后期一位才华横溢的雕塑家，他一直希望在苏伊士运河造一座高擎火炬的庞大的女神灯塔，体现欧洲出现的进步之光，并试图用这样一个现代奇观为法国增添光彩。

1869 年，维雷勃杜克完成了自由女神像的草图设计。1874 年造像工程开工，中间经历了普法战争，前后历时 10 年，到 1884 年竣工。在设计过程中，考虑到远洋运输的方便,法国著名工程师和建筑师、埃菲尔铁塔的设计者居斯塔夫·埃菲尔制作了一个由中心支架支撑的精巧的铁框架,把仅有 2.4 毫米厚的塑像外层按照化整为零、分块铸造安装的方法附着在架上。

自由女神像遵循古典的学院派创作法则,雕像的脸反映了作者母亲严峻的面庞,而体态则融入了作者妻子的身姿。自由女神像用金属铸造,重 200 多吨,高 46 米,底座高 27 米,是当时世界上最高的纪念性建筑,其全称为"自由女神铜像国家纪念碑",正式名称是"照耀世界的自由女神"。整座雕像以 120 吨钢铁为骨架,80 吨铜片为外皮,用 30 万只铆钉装配固定在支架上。女神像腰宽10.6 米,嘴宽 91 厘米,食指就长达 2.44 米、直径 1 米多,指甲厚 25 厘米,高擎火炬的右臂长 12.8 米,每只眼睛宽1.2 米,双目间距达 3 米,鼻子长 1.4 米。火炬的边沿上可以站 12 个人。由于自由女神像过于庞大,神像是整体分解为一个个部件然后逐个建造的。如左手臂部建造时,维雷勃杜克指导工匠们先用木条做好左手握着《独立宣言》的形状,再用约 3.32 英寸(1 英寸=0.025 4 米)厚的铜片钉成一体。

女神像身着罗马古代长袍,右手高擎长达 12 米的火炬,左手紧抱一部象征《美国独立宣言》的书板,上面刻着宣言发表的日期:1776 年 7 月 18 日。脚上残留着被挣断了的锁链,象征着挣脱暴政的约束。右脚跟抬起呈行进状。她两眼凝视远方,双唇肃穆紧闭,头上戴着的光芒四射的冠冕上放射着象征世界七大洲的 7 道光芒。花岗岩构筑的神像基座上，镌刻着美国女诗人埃玛·拉扎勒斯十四行诗《新巨人》的诗句："将你疲倦的、可怜的、蜷缩着的、渴望自由呼吸的民众，将你海岸上被抛弃的不幸的人，交给我吧。将那些无家可归的，被暴风雨吹打得东摇西晃的人，送给我吧。我高举灯盏矗立金门！"

1884 年 7 月 6 日，自由女神像被正式赠送给美国。8 月 5 日，由美国建筑师理查德·莫里斯·亨特设计，美国人开始了神像底座奠基工程。基座由花岗石混凝土制成，高约 27 米，总重 27 000 吨，是当时最大的单体混凝土浇筑物。基座下面是打入弗特伍德古堡中心部位 6 米深处的混凝土巨柱，该古堡是一座军用炮台，呈八角星状，于 1808—1811 年为加强纽约港的防卫而建，1840 年翻新。现在的底座是一个美国移民史博物馆。1885 年 6 月，整个塑像被分成 200 多块装箱，用拖轮从法国里昂运到了纽约。1886 年 10 月中旬，75 名工人在脚手架上将 30 万只铆钉和约 100 块零件组合到一起。28 日，美国总统克利夫兰亲自主持了万人参加的自由女神像的揭幕典礼。

1886 年，维雷勃杜克在女神像头部铜皮外膜周围设计了些孔洞，安装了灯光。到了 1892 年又做了些更换。1916 年，雕塑家戈特松·博格伦重新装置了发光设施，他将铜火炬的窗格放大并装以成百块玻璃，内部装上了强光电灯以后，自由女神像的火炬上的光芒在相当远的海上都可以看见。同年,威尔逊总统为安装昼夜不灭的照明系统主持了竣工仪式。每当夜幕降临时,神像基座的灯光向上照射,将女神映照得宛若一座淡青色的玉雕。而从女神冠冕的窗孔中射出的灯光,又好像在女神头上缀了一串闪着金黄色亮光的明珠,给热闹而喧嚣的大都会平添了一处颇为壮观的夜景。

1942年美国政府做出决定,将自由女神像列为美国国家级文物。1984年,自由女神像被列为世界文化遗产。

自由女神像宣示的自由精神是一种不断接近的境界,是一个持续不断的过程。在这个过程中,有一种声音响彻四方,有一种光芒永不熄灭,那是自由的歌唱,那是自由的光芒。在自由的歌唱陪伴下,在自由的光芒的沐浴下,在世界和平的祈祷下,一点一点、一片一片传播到各地,抚平战争的创伤,给饥饿寒冷的人们送去食物和薪柴。

48. 世界最高的电视塔

————加拿大多伦多塔

多伦多塔矗立在多伦多市中心，安大略湖畔。它高达553米，远超过当时的世界最高建筑——美国的西尔斯大厦，成为当时世界的第一高建筑。它始建于1973年，在建筑设计上颇有独到之处。它的平面呈"Y"字形，下宽上窄，其塔身底部有3片呈翼状的支柱，支柱由6.7米厚的钢筋水泥浇灌而成，然后簇拥而上，变成六角形，直插云天。它线条刚毅清朗、挺直而俏拔，在平坦宽阔的安大略平原上巍然挺立，气贯如虹，被视为多伦多的标志性建筑。

多伦多塔的设计者们汲取了世界各地其他建筑的长处，锐细的针状外形使这座高塔在力度中显示了轻捷的美感，中下部建有一个空中球体结构，它实际上是一个环形的密封眺望台。人们可以凭栏观赏美景，除了这些实用的作用，它还增加了塔的视觉元素。在这里，有高度为351米的夜间俱乐部和一个旋转餐厅为人们提供娱乐和餐饮。447米高的"世界屋脊"处的"宇宙甲板"是一个环形观赏廊，它为游人提供更绝妙的观赏机会。人们处于这样一个高度,有时会感觉到塔身在轻微地晃动,不过,客人们不必担心自己的安全,所有的高层建筑都会考虑到高室效应对建筑体产生的作用力。这种轻微的晃动,恰好正是高层建筑物的安全所必需的。

多伦多塔塔身总重达 13 万吨,约等于 23 214 头大象的重量。光塔基就动用了 5 009 吨的钢筋和 1.8 万吨的混凝土,整个塔身用了 40 524 立方米的混凝土,电视塔从底层到天线顶端高 553.3 米,工程极为浩大,这个超高的建筑花了 40 个月建成,共耗资 6 300 万加元。多伦多塔和所有的高尖建筑物一样,塔身在风中会稍有摆动,其摩天的高度也为工程增添了许多阻碍,为了在塔顶尖端安放 44 块天线,一般的建筑手段难以奏效,只好出动巨型的直升机,来进行空中吊装作业。1976 年 6 月 26 日,多伦多塔正式对外开放。到 1998 年,加拿大又花费了 2 600 万加元对多伦多塔进行了扩建。现在的多伦多塔已成为多伦多第一个集电力通信设施和娱乐旅游为一身的文化景观。

高耸入云的多伦多塔,是世界最高的无支架建筑之一。它既是一座电视发射塔,又是游客络绎不绝的旅游和文化活动的胜地。它一共分为四大部分。

第一部分为地面层,有快餐厅、鸡尾酒酒吧、礼品商店和电影厅,四面环绕着花团锦簇、绿草如茵的花园和飞花溅玉般的喷水池。

第二部分是高悬在塔内 335～360 米处的、外形酷似一个横卧的轮胎的空中楼阁。这里也是塔的心脏区，内设有空中旋转餐厅，可容纳 425 人同时用餐，旋转一周需 72 分钟。在 350 米高的地方，还有一个瞭望台，有一大片的地面竟是透明的玻璃质地。这也是多伦多塔最独特之处。这块呈扇形的玻璃地面吸引了无数跃跃欲试的游客，踩在上面，仿佛踏入透明的云端，俯瞰塔下相当于 113 层楼高的地面，很是惊险和刺激，有惊心动魄之感。许多恐高的人都不敢靠前，一些尝试踏越这块玻璃地面的游客也是战战兢兢，手脚有些发软，怕一站上去就会摔下去似的。但还是有不少的冒险者勇敢地走上去，在玻璃地板上行走自如，有的还半躺在上面拍照留念。更有甚者，还故意在玻璃地板上蹦一蹦，有意检验和挑战玻璃地板的坚固性。其实，这块玻璃地板比普通的钢板还要坚固，它比普通地面的承重力大得多，可以承载 14 头巨大的河马。

第三部分在 477 米的高处，是一间可容纳 60 人的圆形建筑，叫作太空甲板，这是世界最高的观赏点。在此纵目远望，整个多伦多市尽收眼底，浩瀚的安大略湖就像一个小水池，高达七八十层的摩天大楼就像孩子们玩的积木一样小巧，远处尼亚加拉瀑布的磅礴奇景也清晰可见，就连相邻的美国的风光也依稀可见。

第四部分也是多伦多塔的最高处，是高为 102 米、共有 42 层的天线塔，它银光闪闪、高耸入云，宛如一把直指苍天的利剑。

多伦多塔自开放以来,每年都能吸引来自世界各地200多万的参观者。塔内现在有6部电梯且设有透明的升降机,以便于游客观光。电梯时速高达22千米,从塔底搭乘玻璃电梯,到达346米的高处仅需58秒。游客在登塔观景时,在入口处,每个人都会领到一个像耳机一样的自动解说器,可以戴在头上,方便地收听里面用英文讲解的有关高塔历史和相关情况的介绍。

建成之后的多伦多塔除了被号称为世界第一建筑物外,还有许多世界之最。它是世界最高的电视发射塔、世界最高的观景台、有世界最长的金属楼梯、世界最高的葡萄酒窖。多伦多塔作为世界最高的电视发射塔,服务于加拿大16个电视台,并以其338米和553.33米高度的微波接收天线成功地解决了多伦多地区居民的通信问题,可以提供全北美最佳的电信信号服务。

49. 赤裸的美丽建筑

—— 法国巴黎的蓬皮杜艺术中心

蓬皮杜艺术中心位于法国塞纳河右岸、著名的拉丁区北侧，是一座新型现代化的知识、艺术宝库。到了巴黎，如果不去看蓬皮杜艺术中心，就算去过了卢浮宫、奥赛宫，去过了埃菲尔铁塔、先贤祠，去过了巴黎圣母院、凡尔赛宫，还是不能算真正了解了完整的巴黎，一个完整的巴黎不能缺了蓬皮杜艺术中心。

蓬皮杜艺术中心是一座前卫、另类的建筑，是非常大胆的建筑，是一座赤裸的建筑。蓬皮杜艺术中心是 1969 年由法国总统乔治·蓬皮杜决定修建的。法国古代和近代的艺术珍宝分别珍藏在卢浮宫和奥赛宫里，蓬皮杜艺术中心是为珍藏现代艺术品而建的。为了挑选出最好的设计方案，艺术中心的建设委员会组织了世界范围的设计大赛，结果意大利建筑师伦佐·皮亚诺与英国建筑师理查德·罗杰斯合作的方案在 681 个参赛作品中被专家评委会选中。设计师罗杰斯认为应该把建筑看成是灵活多变的框架，人们可以在其中任意活动，这本身就是一种艺术表现，另一个设计师皮亚诺想象中的中心应该是一条船。

　　1977年蓬皮杜艺术中心问世之初就遭到了激烈的抨击。有人说它破坏了巴黎的建筑风格与平衡，有人说它亵渎了建筑艺术，还有人说它仅仅是一些现代建筑材料的滥用与堆砌，而被抨击最多的，还是它太像一座工厂了，绝不像一座艺术殿堂。随着时间的推移，还是有越来越多的人喜欢上了它，把它视为建筑艺术的珍品。大多数巴黎人也接受了它，把它视为巴黎的骄傲。

　　蓬皮杜艺术中心于1972年开土，1977年竣工。它的结构支撑是28根直径85厘米的钢管柱，分列在建筑物的两侧，每侧14根。整个建筑就这28根柱子，再没有其他柱子。柱子之间是48米的钢桁架，28根柱子和钢桁架搭成了宽48米、长166米的大厅。内部空间没有任何柱子、墙体和竖向管道，也没有吊顶，大厅完全是通透的。设计者的理念是把建筑作为一个框架，而不是固定的空间，建筑内部的空间可以根据需要随意分割。

它的墙体是透明的玻璃，从外面可以看到建筑物里面的情形，甚至连它的电梯井都是玻璃的，电梯上下时，人们可以看见绳索在移动。这座建筑是一个长方体，在造型上没有什么特殊之处，建筑物也不是很高，地上只有6层。它第一眼看上去很像一个化工厂，那些色彩新鲜的管子像工艺管路，斜横在前立面的罩在圆形玻璃管道里的滚动扶梯就是一组传送带，只不过那上头传送的不是原材料，而是源源不断的游客。

　　设计师背离人们的欣赏习惯，把其他建筑想方设法藏起来的设备、管道全无顾忌地裸露在外面，完全打破了传统的风貌，与周围环境形成强烈的对比。他们想借此释放出不受任何束缚的内部空间，平面、立面和剖面都可以随着使用要求而自由变动，各种装置灵活拆卸组合，没有固定的障碍，也没有机械设备或固定流程来进行限制，是一个真正激发灵感、充满活力的空间。设计者曾设想连楼板都可以上下移动，来调整楼层高度，中心所有结构里的隔断墙都可以移动。画廊和沿着建筑外部呈阶梯状上升的自动扶梯成为向外眺望的最佳场所。这样一种工具箱式建筑，设置在建筑外部的结构和设备第一次作为装饰性的元素暴露在大庭广众之下，赋予了内外空间一种透明的强烈动感，产生了一种愉快的游戏效果。现代建筑艺术的幻想特质在此表达得淋漓尽致。

　　蓬皮杜艺术中心的建筑设计在国际建筑界引起广泛的注意，对它的评论分歧很大。有的人盛赞它是"一座法兰西伟大的纪念物"，有的人则指责这座艺术中心给人以"一种骇人的体验"。直到现在，仍有不少评论家批评它是一种"波普派乌托邦的大杂烩"，全然不顾环境，过分重视物，忘记了人和精神、文化和艺术。内部空间也过于灵活，互相干扰，使用并不方便，而且外观的那种过于五花八门的形象，也冲淡了馆内展品的重要性。

但蓬皮杜艺术中心还是以其匠心独运的内部设计、充满创意的结构设置和现代化的风采，显示了20世纪的建筑特点，引起了人们的强烈反响，受到了世界的关注，并真正成为法国的文化艺术中心，被巴黎人慢慢接受并喜欢起来。如果说卢浮宫代表着法兰西的古代文明，那么蓬皮杜艺术中心便是现代化巴黎的象征。

50. 乘风破浪的白色风帆

—— 澳大利亚的悉尼歌剧院

悉尼歌剧院位于澳大利亚的悉尼，又称"海中歌剧院"，是 20 世纪最具特色的建筑之一，也是世界著名的表演艺术中心，它已成为澳大利亚的标志和悉尼的灵魂，是公认的 20 世纪世界七大建筑奇迹之一。

悉尼歌剧院耸立在悉尼市贝尼朗岬角上，紧靠在世界著名的海港大桥的一块小半岛上。三面环海，南端与市内植物园和政府大厦遥遥相望。建筑造型新颖奇特、雄伟瑰丽，从远处望去，它宛如从蔚蓝海面上缓缓漂来的一簇白帆；而在近处看，它又像被海浪涌上岸的一只只贝壳斜竖在海边，故有"船帆屋顶剧院"之称。悉尼歌剧院被誉为一件杰出的艺术品，也是许多来澳洲的外国游客的首选目的地。

悉尼歌剧院是从 20 世纪 50 年代开始构思兴建的，1955 年起公开搜集世界各地的设计作品，至 1956 年共有 32 个国家的 233 个作品参选。设计方案的产生很有戏剧性，恰恰是这个曾被扔进垃圾桶的设计成就了后来令世人震惊的建筑，它的作者是年仅 35 岁的丹麦建筑师约翰·乌特松。1959年歌剧院正式破土动工。然而建筑设计和现实毕竟有很大的距离,约翰·乌特松的梦太美、太奇特。特别是那帆船般的屋顶结构,被称为"在技术可行性的边缘上冒险"。这个设计表现出巨大的反潮流勇气,对传统的建筑施工提出了尖锐的挑战:如何支撑这个不规则的屋顶? 如何才能保证其坚固耐久性……此外,工程陷入了一系列的技术及经费大超预算的难题之中,并成为当时朝野两党政治权力斗争的焦点和砝码。1966年约翰·乌特松愤然辞职回国,当时工程才完成不到1/4。澳大利亚政府不得不继续委任三名本国建筑师来完成余下的工程。直到1973年,经过15年的艰难曲折,悉尼歌剧院终于在几度搁浅后,在1973年10月20日正式开幕。

悉尼歌剧院由1个大基座和3个拱顶组成,占地近2万平方米,长183米,宽118米,主体建筑采用贝壳形结构。建筑的最高点距海平面60多米,相当于20层高的大楼,门前大台阶宽90米,桃红色花岗岩铺面,据说是当今世界上最大的室外台阶。悉尼歌剧院的主体建筑采用贝壳结构,由2 194块每块重15.3吨的弯曲形混凝土预制件拼成10块贝形尖顶壳。最高的那一块高达67米,相当于20层楼的高度。所有的壳片外表都覆盖着莹白闪烁的白色瓷砖,都经过特殊处理,能抵御海风侵袭,共有100多万块。3组巨大的壳片耸立在一个南北长186米、东西最宽处为97米的现浇钢筋混凝土结构的基座上。

英国女王伊丽莎白二世曾亲自为歌剧院落成剪彩揭

幕。悉尼歌剧院的首场演出是根据俄国著名作家托尔斯泰的小说《战争与和平》改编的歌剧。悉尼歌剧院还有一个独到之处，它不仅音响、舞台、灯光效果为世界最佳，而且如果需要，观众可以坐在剧场外面的休息室、餐厅等地听到剧场内演奏或演唱的声音，其效果如同在场内一样。悉尼歌剧院自建成以来，迎接了许多世界名人，除了英国女王外，还有教皇保罗二世、曼德拉以及克林顿夫妇等。

悉尼歌剧院以其构思奇特、工程艰巨、气象壮丽而蜚声世界，而由它所引发的是非争论，也是旷日持久，正如皇家澳大利亚建筑学院院长所说："乌特松先生的经历表明，冲破世俗，把新的梦想带进城市是极其困难的。"但随着岁月的流逝，悉尼歌剧院在时间的考验中越发展现出它超凡脱俗的动人魅力，它已经不仅仅是一个歌剧院，而是一个综合性的文化艺术演出中心。它的魅力主要在于其独特的屋顶造型及其和周围环境浑然一体的整体效果——诗情画意、美不胜收。乌特松本人在 85 岁高龄时获得了普利兹克奖，这个奖是建筑学里的"诺贝尔奖"。评奖委员会评价他说，乌特松先生不顾任何恶意攻击和消极批评，坚持建造了一座一改传统风格的建筑，设计了一个超越时代、超越科技发展的建筑奇迹。这也表明了建筑界对悉尼歌剧院这座巧夺天工的建筑奇葩的最终肯定。建筑师因建筑而在，建筑因建筑师而在。如今悉尼歌剧院不仅成为悉尼的标志，也成为建筑史上建筑与环境和谐统一的典范。

51. 联合国的象征

——联合国总部大厦

联合国总部大厦位于美国纽约曼哈顿东区第 42 街和第 48 街之间，西边与联合国广场相接，东边临东河为界，一共占地 7.3 公顷。大厦主要由 4 个建筑物组成：秘书处办公大楼、会议大楼、大会堂及达格·哈马合尔德图书馆。联合国的 6 个主要机构，除国际法院外，均设在这里。所以，这座联合国总部大厦被视为联合国的象征。

我们今天所看见的联合国总部建筑群是从 1947 年开始设计建造的。联合国总部专门成立了一个由来自澳

大利亚、比利时、巴西、加拿大、瑞士、瑞典、英国、苏联、中国、乌拉圭 10 个国家的 10 名国际知名建筑师组成的设计委员会来负责设计工作。中国的代表是著名的建筑学家梁思成。联合国第一任秘书长指派美国建筑师哈里森为设计的总负责人。哈里森因先前成功完成了跨 3 个街区，包括有 14 栋大楼及一座歌剧院的洛克菲勒中心建筑群的巨大工程，创造出建筑群体布局的完美范例而被认为是承担这一工作的合适人选。1947 年的春天，设计委员会召开了首次会议，各国代表提出了许许多多的设计方案。设计委员会先后讨论了 53 个方案。经过一系列的研究讨论，1947 年 5 月通过了以法国建筑大师勒·柯布西耶的方案为基础的最后方案，确立总部建筑群基本风貌。哈里森完成了方案的整体落实工作。工程于 1948 年开工，1952 年全部竣工，建成后的建筑物是国际式建筑的典范。所谓国际派风格，是现代主义建筑发展到极端的一种产物，在 20 世纪的 20 年代至 20 世纪的五六十年代发展到鼎盛。它的主要特性是强调建筑的功能，反对任何传统的装饰和地方特色，它推崇平的屋顶、光的墙面。几何体的造型和玻璃、钢铁与混凝土等现代建筑材料的应用，尤其是大面积的玻璃幕墙更成为国际式的标签。它开辟了人类建筑艺术的新纪元，直到今天仍得到广泛的使用，发挥着重要的影响。

在总部大厦建筑群中最引人注目的是联合国秘书处大厦，它位于总部大厦的中心位置，是一幢 39 层高的板型大楼,长 87 米,宽 22 米,高 165.8 米。整体造型简洁利落、色彩明快,质感对比强烈,独特的颜色搭配引人入胜。大楼基本呈南北走向,长边平行于河道,东西两侧立面是蓝绿色的玻璃幕墙,由 2 730 多块小材料组成,铺架在挑出 90 厘米的铝合金框格上。色彩独特、明亮照人的玻璃掩盖了框格,看上去完美而统一。而南北两侧的立面则采用重达 2 000 吨的大理石贴面,晶莹剔透、轻盈光洁。两种墙面相映生辉,安宁庄重、璀璨夺目。

联合国秘书长的办公室坐落在大厦的第 38 层,里面陈设着各国赠送的礼物。秘书处大楼的北面为联合国大会堂,大会堂内墙为曲面,屋顶为悬索结构,顶部和侧面呈凹曲线形,上覆穹顶。大会堂是联合国总部里最大的房间,3 层座位能容纳 1 800 多人。这个房间是由设计委员会的各国委员共同设计的。为了强调其国际性,里面没有摆放任何会员国的礼物。挂在大会堂两边的由法国艺术家费尔南德·莱格尔设计的抽象壁画是唯一的礼物,这是由一位不具名的捐赠者通过美国联合国协会送来的。大会堂是联合国里唯一挂有联合国徽章的会议室,徽章图样是从北极上方观测到的世界地图,两边装饰着象征和平的橄榄枝。

在秘书处大楼与大会堂之间,临靠东河有一组 5 层的建筑。这是联合国的会议大楼,里面设有安理会会议厅等若干个会议室……从大厦的西侧进门,经过安检,就可进入长长的大厅。大厅的正面墙壁上悬挂着安南等历任联合国秘书长的标准像。在大厅内还陈列着一座大型的象牙雕刻，玲珑剔透、典雅精美，这是 1974 年中国赠送给联合国的礼物。它描述的是 1970 年通车的成昆铁路，这条铁路全长 1 000 多千米，联结着中国的云南省和四川省，极大地改变了西南的交通面貌。这座牙雕用 8 只象牙、由 98 个人雕刻了两年多才完成，极为精美细致，连火车里的细小人物都清晰可见，真是精雕细刻、技艺超绝，其精湛的工艺水平令人叹为观止。大厅里还有一座日本和平钟，是日本联合国协会于 1954 年 6 月赠送给联合国的。它是用 60 个国家的儿童收集起来的硬币铸成的，安放在一座柏木制造的典型日本神社式结构模型中。在联合国里，每年敲钟两次已经成为传统：一次是春分，也就是春季的第一天；另一次是 9 月联合国大会届会开幕的那一天。

在大厅的东边，游客可以看到法国艺术家马克·夏加尔设计的彩色玻璃窗。这是联合国工作人员和马克·夏加尔本人于 1964 年赠送的礼物，以纪念 1961 年因飞机失事而殉职的联合国第二任秘书长达格·哈马舍尔德和一起罹难的其他 15 个人。画面上的音符使人想起贝多芬的第九交响曲，这是达格·哈马舍尔德先生生前喜爱的乐曲。

在联合国总部大厦内还有一个地方是许多游客喜欢光顾的，那就是位于地下室内的联合国邮局。此处不属美国领土，有全世界只在这里才可发行的邮票。联合国的邮票也只能从这个专属的邮局寄出，带到外面就会失效，这里寄出的信件都会被盖上联合国的邮戳作为纪念，来自世界各地的游客常喜欢将贴上联合国邮票的明信片寄回家。

联合国总部大厦的建筑十分特殊，其功能的复杂性和造型构图的创新性是以往建筑都无法与之相比的，无论是建筑外观还是内部设计、摆饰都散发出简洁的美感。20世纪50年代以前，世界几乎所有的政治性建筑都采用了传统的建筑样式和风格。联合国总部建筑的出现标志着现代建筑风格已经得到了广泛的认同，预示着现代主义建筑潮流在20世纪占了上风。

52. 难以忘怀的摩天大楼

位于纽约曼哈顿岛上的世界贸易中心曾经是世界上最大的贸易中心。它以高昂在纽约港口的双子形象闻名于世，是世界上最著名的摩天大楼。它的建成一举打破了纽约帝国大厦雄踞世界最高建筑宝座 42 年的纪录。其英挺伟岸的雄姿、最高最强的气势，成为美国经济蓬勃发展的最佳代表，缔造了摩天大楼高直永固、傲视世界的神话。

世界贸易中心一共占地 6.5 公顷，是一个由 6 幢大楼组成的建筑楼群，包括一座饭店、一座海关大楼、两座供重要的政府贸易机构使用及国际商品展出的 9 层大楼。还有两幢就是世贸中心的主体建筑了，它们是一对高度、外形、色彩完全一样的长方体建筑，就像是一对孪生兄弟般屹立在纽约港口边，通称为"双子大楼"。

世贸中心的双子大楼房屋造型以基本的几何形状为主，简单齐整，是边长为 63.5 米的方形柱体，上面是平直的屋顶，轮廓方正。两幢大楼建筑面积合计有 93 万多平方米，一共耗资 14 亿美元。大楼每幢高达 411.5 米，一共有 117 层,其中 7 层建在地下。由于大楼高度惊人,高层与底层之间的温差竟达十几摄氏度。大厦顶部的风速为每小时 225 千米,所产生的风压每平方米可达 400 千克。在普通的风力下,楼顶摆幅为 2.5 厘米,实测到的最大位移竟然可达到 28 厘米。

世贸中心大楼采用钢架结构,9 层以下承重的外柱间距为 3 米,9 层以上的外柱间距为 1 米,大楼外墙是排列紧密的钢柱,外面再包以银色的铝板和玻璃窗,共计 20 多万平方米,它们在阳光下闪闪发亮,十分醒目,有"世界之窗"的美称。两座塔楼共消耗钢材 19.2 万吨。

世界贸易中心墙面全部采用石棉水泥,裸露的钢结构部分喷涂上了 3 毫米的石棉水泥防火层。每个安全区都备有消防龙头,顶部的机械层内放有一个容积为 18.5 立方米的水箱,大楼各处都装有烟感报警器和专门排烟的设备,只要烟的浓度达到一定程度,报警器马上就会通知消防队。如此完善的防火措施可及时、快速地解决火警问题,但它们在"9·11"这样一般难以想象的巨大灾难面前也是难以救急的。

大厦内部为了解决超高层建筑的交通问题,每座塔楼都设有 108 部电梯,其中快速分段电梯 23 部,运行速度为每秒 8.1 米,这样,从底层到达楼顶还不到一分钟的时间,简直是神速。大楼还设立有 85 部的分层电梯,保证到达各层的需要。此外,还有专门的几部货梯。100 多部电梯共可以把 13 万人送往不同的楼层。

在运输方式上，大楼采用分段运输的方式。整个大楼在首层、44层和78层设有3个大厅作为大停靠点，住客和游人可以利用每分钟运行486.5米、载客量为55人的大型高速电梯直接到达最靠近需要的高空大厅，然后，再根据自己的目的地选择分层电梯，这样就保证了人们能够最快速、最省时地到达需要到达的地点。大楼里还有几部高速电梯从底层直达第107层或110层，并可直通地下的停车场和地铁站，这样可以迅速地将出入于世界贸易中心的工作人员及客商疏散。这样井然有序、条理分明的安排大大疏散和分流了人群，极大地缓解了楼内的交通运输问题。

世界贸易中心的各种商业服务设施相当完备。在44层和78层两层的高空大厅设有各种服务和商业设施，可让人随意采购，并提供各种服务。大楼第107层设有快餐厅，可以同时供应2万人进餐，110层设有瞭望厅，游客可搭乘高速直达电梯到达顶层，不到一分钟就可到顶，平稳而快速。当人们站在107层的瞭望厅，极目远眺，整个曼哈顿尽收眼底，并且视线可达72千米的远处。东北面有一个占地2.03公顷的大型广场，从广场上可以直接进入双子大厦的二层。塔楼底层出入口在西面和南面，通向街道。塔楼的地下第一层是纽约最大的综合商场，贯通整个建筑群和广场。中心塔楼的地下第二层是地下火车站，并有3条地铁线从此经过、在此设站。地下另外的四层是地下车库，可以停放2 000辆汽车。

世贸大厦被誉为"现代技术精华的汇集"，是一座超大型的综合性办公楼，从建立之日起，便成为世界各大财团首选的办公地。它共有87万平方米的办公面积，分租给全世界800多家世界性的大型贸易机构。大楼附设有为大楼客户服务的贸易中心、情报中心和研究中心。贸易情报中心库和全世界100多个贸易中心的电脑相连，可以迅速回答6 500万个有关世界贸易的问题。整个世界贸易中心可容纳5万人在此工作，每天迎来送往的客人可达8万人次。

美国世贸中心是20世纪世界建筑史上的杰作，它的建筑结构和形式精细典雅，完美地体现了建筑师的建筑主题思想——亲切与文雅的优美，是美国超高层建筑各方面成果相结合的产物，它的建成表明了人类建筑技术已经达到了很高的水平，见证了人类力量的伟大。

2001年9月11日，一声巨响，击碎了这曾经最令人炫目、最无可置疑的神话。世贸中心的双塔大楼受到两架飞机自杀性的撞击后，在爆炸中轰然倒塌。昔日的摩天大楼只剩下了一片废墟，不复存在。这个灾难性的事件在全世界引起了巨大的反响，除了政治、经济等其他重要方面的影响，就其建筑本身的问题也引起了整个建筑界的思考和探讨。它的倒塌在人类历史上留下了一曲悲壮的挽歌。现在，人们只能从存留的影像和图片中缅怀它们的英伟风姿了。

53. 充满激情的几何建筑
—— 香港中国银行大厦

中国银行大厦位于香港的中环地带，俯瞰着秀丽的香港公园和繁华的维多利亚港，总建筑面积为 12.9 万平方米，其中大厦的地基面积约为 8 400 平方米。大厦地上一共是 70 层，总高度为 367.4 米，其中建筑高度为 315.4 米，另 52 米是顶层天线的高度。中国银行大厦在建成时是香港最高的建筑物，在世界上居第 5 位。

中国银行大厦是著名的美籍华裔建筑大师贝聿铭的杰作。中国银行大厦在 20 世纪 80 年代开始筹建，据说它的设计灵感来源于一句中国的古老谚语："芝麻开花节节高。"它的外观是一个富于变化的奇妙的多面体。大厦底部是一个边长 50 米的正方形柱体，笃实而又沉稳。柱身上用两条对角线，将它分成四个三角形的柱体，随着高度节节上升，它们逐渐消失。在第 25 层，去除掉一个三角形柱体，第 38 层又去除掉第二个，第 51 层处是第三个。这样，大厦就只剩下一个柱体由半腰直至塔顶，推向天际，里面相应的是一个纵跨 70 个楼层中的 17 个楼层的共享大厅作为收束。其新颖独特的造型融合了传统与现代的因素,它的崛起使整个香港建筑群的空间旋律更富于优美的节奏感。

整座大厦由四根12层高的巨型钢柱支撑,内外还附加着一系列混凝土的钢焊斜撑,室内无一根柱子。这使得大厦空间格外开阔,而且比传统方法节省了1/3的钢材。贝聿铭就用这样一个巨大的空间网架结构来支撑着整栋摩天大厦的重量。如同他自己的比喻,这种结构体好像是有着强壮外墙、坚韧圆管的竹子。香港处于台风地带,对抗风性与耐震度的要求要比一般城市高,中国银行大厦充分利用这精妙的体系安然地承受了猛烈的台风袭击。

中国银行大厦建筑外墙则是以铝板为构架,装嵌着银色的反光玻璃,其透明的视觉效果,犹如多切面的钻石,昂首蓝天,璀璨夺目。它流光溢彩,反射着周围城市繁华的景致,华丽非凡。而大厦的底座是用深浅不一的灰色花岗石饰面,这样,既不与塔楼铝和玻璃的幕墙冲突,还有利于周围园林绿化的造型设计,使得大厦看起来仿佛是生根于地上。中国银行大厦和贝聿铭的许多作品一样,具有动感十足的几何造型,从任何角度观赏都充满趣味。建筑界人士普遍认为贝聿铭的建筑设计有三个特色:一是建筑造型与所处环境自然融合,二是空间处理独具匠心,三是建筑材料考究和建筑内部设计精巧。他往往在设计中既保留着传统的建筑符号,又巧妙地使用现代的建筑材料和技术,以构思严密、设计精心、手法完全而著称于世。

此次，贝聿铭又一次发挥了他的设计天分，刻画出又一崭新的建筑造型，以巧妙变换、节节升高的三角形体，预示了向上的建筑主题，具有强烈的几何雕塑感。十几层高的中庭让银行大厅充满着戏剧性的张力，让原本挤压、阻塞的空间豁然开朗。大厦外墙为玻璃幕墙，这样光线就通行无阻，光与空间的结合使空间变化万端，"让光线来做设计"正是他一直贯彻的手法。而大厦两旁古朴典雅的中国园林设计融入了中国传统文化的精髓，富有中国山水画的意境，显示着他一直追求的依托传统又超越传统的建筑风格。

中银大厦是当今世界最重要的现代主义建筑精品。它以巧妙多姿、节节高升的崭新建筑造型，简洁明快、极富标志性的独特建筑风格，成为香港天际线的一个制高点。它贴合中国人崛起的希望和信心，具有极强的现代感，在世界建筑史上留下了一段难忘的华彩乐章。

贝聿铭的建筑作品，常被称为是"充满激情的几何结构"，中国银行大厦非同一般的几何建筑形态也广受赞赏，有人把它比作"一个闪烁发光的金刚钻宝塔"。它的建筑设计糅合了高超的科学技术与卓越的艺术美感，在香港鳞次栉比的摩天大楼中是极富代表性的建筑。

54. 开启新纪元的现代建筑

——德国的包豪斯学校校舍

　　包豪斯校舍出自世界建筑史上赫赫有名的包豪斯学校。1925 年,德国包豪斯学校从魏玛迁校到德绍,当时的校长——著名建筑大师格罗庇乌斯为它设计了一座新校舍。它由教学楼、实习工厂和学生宿舍三大部分组成,还杂有其他功能区域,共占地 2 630 平方米。包豪斯校舍的外形为普普通通的四方形,样式十分简洁,没有多余的装饰,只是尽力展现着建筑结构和建筑材料本身质感的优美和力度。其中面积最大的是教学楼与实习工厂,均为 4 层;学生宿舍在另一端,高为 6 层,连接二者的是两层的饭厅兼礼堂。建筑群的中心连接各部分的行政区、教师办公室和图书馆。楼内的一间间房屋面向用玻璃环绕的走廊,明亮通透、轻盈明快。所有空间根据使用功能的不同,既分立又联系,自由灵活。高低不同的形体有机地组合在一起,创造了在行进中观赏建筑群体给人带来的时空感受,又体现出"包豪斯"的设计特点:重视空间设计,强调功能与结构效能,把建筑美学同建筑的目的性、材料性能、经济性与建造的精美直接联系起来。在资金拮据的情况下，设计者周到地考虑到了建筑所要肩负的多种功能，包括教学、行政、宿舍、食堂及会议等各方面的需求，经济、妥帖地解决了实用问题。

这座包豪斯校舍和包豪斯学校的教学方针与授课方法均对现代建筑的发展产生了极大的影响。在格罗庇乌斯办校方针的指引下，一大批思想自由激进的艺术家应邀任教，使包豪斯成为当时欧洲前卫艺术流派的据点，后来更成为现代主义建筑思想的重要发源地和人才大本营。包豪斯校舍正是对格罗庇乌斯建筑主张的最佳诠释。校舍建筑与工业时代相适应，摆脱了传统建筑样式的束缚，格罗庇乌斯在设计时虽有建筑艺术的预想，不过他是以功能作为建筑设计的主要出发点的，按照各部分功能需要和相互关系定出它们的位置。在建筑构图上，包豪斯校舍突破了过去的对称格局，它有多条轴线，但没有一条特别突出的中轴线，各立面大小、高低、形式、方向各不相同，充分运用对比的效果，各具特色。在建筑材料上，校舍采用钢筋混凝土框架结构，部分采用砖墙承重结构，许多地方用大片的玻璃来取代了墙体。屋顶为平顶，用内落水管排水，窗户为双层钢窗，表现出现代材料和结构的特点。包豪斯校舍没有雕刻、柱廊、装饰性的花纹线脚等复杂的装饰，简洁朴素，以自由灵活的空间布局和清新简朴的体形表达了现代主义的建筑风格，显露出现代主义建筑的一些重要特征，被誉为现代建筑设计史上的"里程碑"。其外立面大量采用玻璃而非实墙，摒弃了19

世纪各种建筑流派的束缚，可谓现代建筑的开山鼻祖。这一创举为后来的现代建筑所广泛采用。今天，在世界许多城市依旧可见许多格罗庇乌斯"里程碑"式样的楼宇，它们矗立在我们这一代人生活的视野中，证明着一种富有预见的思想的丰碑。

1931年落成的纽约帝国大厦就受到了包豪斯风格的启发。高达102层的摩天大楼，仅用四方的金属框架结构支撑，摆脱了过去古典建筑形制的约束和羁绊。1958年，纽约西格拉姆大厦落成，它是包豪斯那位带领学生流亡的校长密斯设计的。密斯发扬了包豪斯的精神，让简单的四方形成为立体后拔地而起，直向云端。从此，现代城市出现了高楼林立的景象，这种景象已成为一座城市国际化的标志。

包豪斯的原则与理念推动了现代建筑的出现，它意味着人类思想与精神的又一次解放。正像格罗庇乌斯在国立建筑工艺学校成立的那一天所说的："让我们建造一幢将建筑、雕刻和绘画融为一体的、新的未来殿堂，并用千百万艺术工作者的双手将它矗立在高高的云端下，变成一种新信念的标志。"

当时，包豪斯的美与重要价值还尚未被更多的人所发现，林徽因在参观它的校舍后断言："它终有一天会蜚声世界。"后来，林徽因在东北大学建筑系授课，专门讲了包豪斯校舍。她说："每个建筑家都应该是一个巨人，他们在智慧与感情上，必须得到均衡而协调的发展，你们来看看包豪斯校舍，它像一篇精练的散文那样朴实无华，它摒弃附加的装饰，注重发挥结构本身的形式美，包豪斯的现代观点，有着它永久的生命力。建筑的有机精神，从自然的机能主义开始，艺术家观察自然现象，发现万物无我，功能协调无间，而各呈其独特之美，这便是建筑意义的所在。"

55. 地标性的体育建筑

——北京国家体育场

国家体育场(鸟巢)位于北京奥林匹克公园中心区南部,为 2008 年北京奥运会的主体育场。工程总占地面积 21 公顷,场内观众座席约为 9.1 万个,举行过奥运会和残奥会开闭幕式、田径比赛及足球比赛决赛。奥运会后成为北京市民参与体育活动及享受体育、娱乐的大型专业场所,并成为地标性的体育建筑和奥运遗产。

体育场由雅克·赫尔佐格、德梅隆、李兴刚等设计,由北京城建集团负责施工。体育场的形态如同孕育生命的"巢"和摇篮,寄托着人类对未来的希望。设计者们对这个场馆没有做任何多余的处理,把结构暴露在外,因而自然形成了建筑的外观。

2003 年 12 月 24 日开工建设,2008 年 3 月完工,总造价 22.67 亿元。作为国家标志性建筑、2008 年奥运会主体育场,国家体育场结构特点十分显著,体育场为特级体育建筑、大型体育场馆。

2002 年 10 月 25 日,受北京市人民政府和第二十九届奥运会组委会授权,北京市规划委员会面向全球征集

2008年奥运会主体育场——中国国家体育场的建筑概念设计方案。

    国家体育场是第一个进入建筑设计程序的北京奥运场馆设施。国家体育场建筑概念设计竞赛分为两个阶段:第一阶段为资格预审,第二阶段为正式竞赛。截至2002年11月20日,竞赛办公室共收到44家著名设计单位提供的有效资格预审文件,经过严格的资格预审,最终确定了14家设计单位进入正式的方案竞赛,他们分别来自中国、美国、法国、意大利、德国、澳大利亚、日本、加拿大、瑞士、墨西哥等国家和地区。

    2003年3月18日,最终参与竞赛的全球13家具有丰富经验的著名建筑设计公司及设计联合体,将他们理想中的中国国家体育场的壮丽构想送抵北京。13个设计方案中,境内方案2个、境外方案8个、中外合作方案3个。

在随后的方案评审中,由中国工程院院士关肇邺和荷兰建筑大师库哈斯等 13 名权威人士组成的评审委员会对参赛作品进行严格评审、反复比较、认真筛选,经过两轮无记名投票,选举出 3 个优秀方案,分别是由瑞士赫尔佐格和德梅隆韦斯特设计公司与中国建筑设计研究院组成的联合体设计完成的"鸟巢"方案、由中国北京市建筑设计研究院独立设计的"浮空开启屋面"方案、由日本株式会社佐藤综合计划与中国清华大学建筑设计研究院合作设计的"天空体育场冰雪世界"方案。为征求公众意见,竞赛组织单位又将设计方案在北京国际会议中心公开展出。"鸟巢"名列第一,表现出观众与评委在相当程度上的认同。经决策部门认真研究,"鸟巢"最终被确定为 2008 年北京奥运会主体育场——中国国家体育场的最终实施方案。

整个体育场结构的组件相互支撑,形成网格状的构架,外观看上去就仿若树枝织成的鸟巢,其灰色矿质般的钢网以透明的膜材料覆盖,其中包含着一个土红色的碗状体育场看台。在这里,中国传统文化中镂空的手法、陶瓷的纹路、红色的灿烂与热烈,与现代最先进的钢结构设计完美地相融在一起。

整个建筑通过迪士尼巨型网状结构联结,内部没有一根立柱,看台是一个完整的没有任何遮挡的碗状造型,如同一个巨大的容器,赋予体育场以不可思议的戏剧性和无与伦比的震撼力。

"鸟巢"外形结构主要由巨大的门式钢架组成,共有24根桁架柱。主体结构设计使用年限 100 年,耐火等级为 1 级,抗震设防烈度 8 度,地下工程防水等级 1 级。工程主体建筑呈空间马鞍椭圆形,南北长 333 米,主体的巨型空间马鞍形钢桁架编织式"鸟巢"结构,钢结构总用钢量为 4.2 万吨,混凝土看台分为上、中、下 3 层,看台混凝土结构为地下 1 层、地上 7 层的钢筋混凝土框架——剪力墙结构体系。钢结构与混凝土看台上部完全脱开,互不相连,形式上相互围合,基础则坐在一个相连的基础底板上。国家体育场屋顶钢结构上覆盖了双层膜结构,即固定于钢结构上弦之间的透明的上层 ETFE 膜和固定于钢结构下弦之下及内环侧壁的半透明的下层 PTFE 声学吊顶。